Konfokale Mikroskopie in Weiß

Rolf Theodor Borlinghaus

Konfokale Mikroskopie in Weiß

Optische Schnitte in allen Farben

Springer Spektrum

Rolf Theodor Borlinghaus
Sinsheim-Eschelbach, Deutschland

ISBN 978-3-662-49358-8 ISBN 978-3-662-49359-5 (eBook)
DOI 10.1007/978-3-662-49359-5

Die Deutsche Nationalbibliothek verzeichnet diese Publikation in der Deutschen Nationalbibliografie; detaillierte bibliografische Daten sind im Internet über http://dnb.d-nb.de abrufbar.

Springer Spektrum

Planung: Kaja Rosenbaum

Gedruckt auf säurefreiem und chlorfrei gebleichtem Papier.

Springer-Verlag GmbH Berlin Heidelberg ist Teil der Fachverlagsgruppe Springer Science+Business Media
(www.springer.com)

Für meine Töchter

Vorwort

„Wer nicht neugierig ist, erfährt nichts“[1], dieses Goethe-Zitat klingt trivial und ist gleichwohl falsch. Wir wollen aber nicht nur *etwas* wissen, sondern *alles* – wir sind sehr neugierig. Ob das nun redlich oder verwerflich sei, ist eine philosophische oder theologische Frage. Jedenfalls ist Neugier die wichtigste menschliche Eigenschaft, die Wissenschaft überhaupt erst möglich gemacht hat. Auch soll hier nicht untersucht werden, ob das eine gute oder eine am Ende katastrophale Wendung war.

Neugier ist immer mit dem Wunsch verknüpft, etwas zu erfahren, was man so ohne weiteres nicht in Erfahrung bringen kann, man muss sich darum bemühen. Auch darin mag ein Teil des Reizes liegen. Ein Ohr an der Wand etwa wird dem Lauscher das Prädikat „neugierig“ einbringen. Auch ein Blick durchs Schlüsselloch hat meist einen eher anrüchigen Beigeschmack. Diese nicht eben freundlichen Varianten haben immer mit Neugier auf Geheimnisse anderer Menschen zu tun. Wenn sich indes unsere Neugier auf Objekte der Natur im Allgemeinen richtet, dann nennt man sie freundlich Wissensdurst. Schnell hat sich gezeigt, dass auch hier Wände und Schlüssellöcher zu überwinden sind, will man neues Terrain erobern. Und das nächstliegende Instrument zur Überwindung natürlicher Schlüssellöcher ist das Mikroskop geworden. Schon der Anblick eines Mikroskopikers, wie er angestrengt seinen Blick durch ein enges Metallrohr zwängt, erinnert deutlich an einen Schlüssellochgucker. Wiewohl die moderne Technik uns da einige Erleichterung verschafft hat, etwa indem wir bequem zurückgelehnt auf unserem Sessel einen Bildschirm betrachten können.

Dieses Buch enthält zwar viele Bilder, es ist aber kein Bilderbuch: Da es um Erläuterungen zu technischen Problemen geht, gibt es viele graphische Abbildungen. Hie und da tauchen auch ein paar Formeln auf, wobei Kenntnisse zur Mathematik und Physik aus der Mittelstufe ausreichen. Wenn Sie keine Formeln mögen, dann glauben Sie einfach das Ergebnis.

Es ist auch keine Anleitung zum Mikroskopieren, und es beleuchtet nicht die Frage, welches Verfahren für welche Fragestellungen wohl am besten geeignet sei.

[1] Goethe, J.W. von: „Der Triumph der Empfindsamkeit“, Sora im 5. Akt.

Dieses Buch ist für interessierte Laien und praktizierende Mikroskopiker geschrieben, mit einem Schwerpunkt für konfokale Mikroskopie. Viele Mikroskopiker benutzen Mikroskope so, wie etwa Zugfahrer eine Eisenbahn benutzen. Man weiß: Oben geht Strom rein, und dann fährt das Gerät auf Schienen – meist an den gewünschten Ort, nicht so oft zur gewünschten Zeit. Natürlich erinnert man sich noch, wie ein Elektromotor funktioniert, und was man beim Aufbau eines Kugellagers beachten muss. Aber damit ist die Kenntnis des Gerätes oft schon abgeschlossen. Und das reicht auch für die meisten Fälle. Man kann sich ganz der mitgebrachten Lektüre widmen oder die Welt draußen vor den Fenstern bestaunen.

Deshalb beginnt dieses anschauliche Buch mit den ganz grundlegenden Dingen: etwa einer optischen Linse. Und wie ein zusammengesetztes Mikroskop aufgebaut ist. Und was zur Auflösung zu sagen ist. Weiter werden die Grundlagen zur Fluoreszenz besprochen und wie ein konfokales Mikroskop funktioniert. Das ist der allgemeine Teil, er umfasst die Kap. 1 bis 3.

Anschließend werden die Neuerungen in der konfokalen Mikroskopie beleuchtet, die mit Begriffen wie „spektrale Freiheit“ oder „filterfreie Zone“ verknüpft sind. Es geht dabei im Wesentlichen darum, in allen Stufen der Fluoreszenzeinrichtung kontinuierlich einstellbare Farben verwenden zu können. Wegen der spektralen Unabhängigkeit wird dafür etwas salopp der Begriff „weißes Konfokalmikroskop“ eingeführt. Das ist der spezielle Teil, er umfasst die Kap. 4 bis 9.

Der Anspruch dieses Buches ist also nicht geringer, als einen weiten Bogen von den Urgründen der vergrößernden Optik zu den neuesten Technologien der modernsten Rastermikroskopie zu spannen – und zwar in der Weise, dass auch Leser, die weder das eine noch das andere Fach studiert haben, diesem Bogen folgen können, und jene, die sich schon länger mit der Materie befassen, dennoch (hoffentlich) nicht das Buch gelangweilt in die Ecke legen. Damit das Buch noch in der Hand gehalten werden kann, folgen wir dabei natürlich nur einem schmalen Pfad in den Weiten der modernen Mikroskopie, und viele spannende Seitenwege bleiben unbesucht.

Ob diesem Anspruch Genüge getan werden konnte, werden Sie entscheiden. Ich freue mich auf Anregungen, Kritik und natürlich auch auf Lob.

Wie zumeist, so ist auch in dieser Schrift der allergrößte Teil dem Autor von anderen Menschen zugewachsen, denen ich dafür herzlich danken möchte. Das gilt meinen früheren Kollegen von Carl Zeiss, zunächst in Oberkochen, dann in Jena. Es gilt weiter meinen jetzigen Kollegen von Leica Lasertechnik in Heidelberg, heute Leica Microsystems in Mannheim. Natürlich auch den vielen Vortragenden auf Konferenzen und Seminaren, den vielen Interessenten und Benutzern, die mich in Diskussionen verwickelt und zur Formulierung verständlicher Erklärungen angestiftet haben; und hie und da habe ich freilich auch eine Veröffentlichung und Bücher gelesen. Besonderer Dank geht an Chem. Ing. Anke Fähnrich und PD Dr. rer. nat. Christina Schlatterer, die sich der Mühe des Probelesens unterzogen haben und durch viele Anregungen und Korrekturen die gröbsten Schnitzer verhindern konnten.

Wer der Einfältigkeit der modernen Zivilisation entfliehen will, befasse sich ohne Absichten mit der Natur. Ein Mikroskop ist dazu ein guter Einstieg. Vielleicht führt Sie dann dieses Abenteuer eines Tages an ein weißes Konfokalmikroskop?

Sinsheim-Eschelbach im Oktober 2015 Rolf T. Borlinghaus

Rolf T. Borlinghaus wurde 1988 bei Prof. Dr. Peter Läuger am Institut für Biophysik in Konstanz promoviert und bekleidet heute eine Teilzeitposition bei Leica Microsystems CMS in Mannheim als Senior Scientist. Daneben betätigt er sich als freier Autor, Feldbotaniker und Lebenskünstler.

Inhaltsverzeichnis

1 Mikroskopie – Einführung

Um zu verstehen, was ein konfokales Mikroskop ist und welche Rolle die Farbe Weiß in der Mikroskopie spielt, sollen in den ersten zwei Kapiteln die Grundlagen zur Fluoreszenzmikroskopie besprochen werden. Hier wird zunächst eine kurze Einführung in die Wirkungsweise des klassischen Lichtmikroskops gegeben, darauf folgt die wichtige Diskussion um die Auflösung.

1.1 Linsen

Ein Mikroskop wird benutzt, wenn man etwas Kleines sehen möchte; etwas, das ohne Mikroskop eben noch nicht sichtbar ist. Wie das nun bewerkstelligt wird, lässt sich aus dem Wort Mikroskop noch nicht ableiten, und tatsächlich gibt es Mikroskope, die ganz anders funktionieren als die hier beschriebenen Geräte. Dennoch denkt man gemeinhin bei einem Mikroskop an ein optisches Instrument. Die wirksamen Teile eines solchen Gerätes sind optische Linsen. Das Wörtchen „Linse" leitet sich aus dem lateinischen *lens* für die bekannten Hülsenfrüchte ab. Zu Beginn waren optische Linsen wohl auch meist von dieser Form: beidseitig gewölbt. Schon lange werden auch Kombinationen mit konvexen oder planen Oberflächen als Linse bezeichnet. Dabei können die Formen ganz erheblich von den botanischen Linsen abweichen.

Das grundlegende Prinzip der Linsenwirkung ist das Verhalten von Lichtstrahlen, wenn diese durch eine Grenzfläche zweier durchsichtiger Materialien hindurchtreten (Abb. 1.1). Licht treffe etwa in einem Winkel α_1 (dem Einfallswinkel) auf eine solche Grenzfläche. Dabei ist der Winkel gemeint, den der Lichtstrahl mit einer zur Grenzfläche senkrechten Linie – dem Lot – bildet. Das Licht lauft dann möglicherweise nicht geradeaus weiter, sondern tritt unter einem anderen Winkel α_2 (dem Ausfallswinkel) in das neue Medium über. Es entsteht also ein Knick, weshalb man hier von der Brechung des Lichtes spricht. Das Brechungsgesetz (Gl. 1.1) beschreibt diesen Vorgang auf einfache Weise:

$$n_1 \sin\alpha_1 = n_2 \sin\alpha_2. \tag{1.1}$$

R. T. Borlinghaus, *Konfokale Mikroskopie in Weiß*, DOI 10.1007/978-3-662-49359-5_1

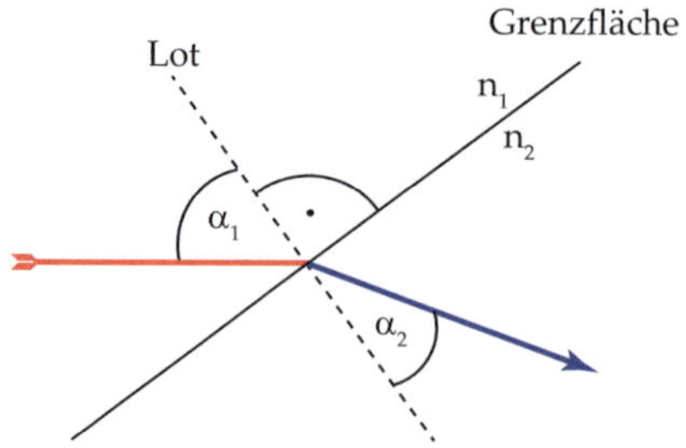

Abb. 1.1 Brechungsgesetz. Ein Lichtstrahl (*rote Linie*) geht an einer Grenzfläche aus einem optisch dünneren Medium mit dem Brechungsindex n_1 in ein optisch dichteres Medium mit dem Brechungsindex n_2 über. Da nun $n_2 > n_1$ ist, wird der Lichtstrahl zum Lot hin gebrochen (*blaue Linie*). Das Maß des Abknickens wird durch das Brechungsgesetz beschrieben

Dabei ist n die Brechzahl (auch: der Brechungsindex) des Mediums. Je höher die Brechzahl, desto „optisch dichter" das Medium. Das optisch dünnste Medium ist das Vakuum, es hat daher die Brechzahl 1. Luft liegt optisch so nahe am Vakuum, dass man ihr üblicherweise auch die Brechzahl 1 zuordnet und die geringe Abweichung vernachlässigt. Reines Wasser hat die Brechzahl 1,333. Die Brechzahl ist hauptsächlich von der Temperatur und von der Farbe (Wellenlänge) des Lichtes abhängig. Der oben angegebene Wert gilt für Zimmertemperatur 20 °C und gelbes Licht der Wellenlänge 589 nm. Die krumme Zahl rührt daher, dass historisch die gelbe Emission einer Natriumdampflampe als Referenz verwendet wurde. Gewöhnliches Kronglas hat hier eine Brechzahl von 1,510. Diamant hat mit 2,417 eine hohe Brechzahl, ist also optisch sehr dicht.

Die Wirkung einer optischen Linse lässt sich nun am besten verstehen, wenn man sie sich in ganz viele ganz dünne, stäbchenförmige Elemente aufgeschnitten vorstellt – etwa so, wie man eine Kartoffel in Stäbchen schneidet, um Pommes frites daraus zu backen. Diese Elemente kann man dann näherungsweise als Prismen betrachten. In solchen Prismen ist der Strahlverlauf sehr einfach durch das Brechungsgesetz zu bestimmen, wie in Abb. 1.2a vorgeführt wird.

Wir betrachten dazu zwei Strahlen, wobei die Strahlen senkrecht zur Hauptebene der Linse einfallen sollen. Der einfachste Fall ist ein zentraler Strahl, der genau durch die Linsenmitte führt. Hier ist der Einfallswinkel gleich 0, das gilt auch für den Ausfallswinkel – dieser Strahl wird nicht gebrochen. Ein Strahl am Rand der Linse wird zunächst an der Luft-Glas-Grenzfläche zum Lot hin gebrochen. In Abb. 1.2 ist das ein Knick „nach unten". Beim Austritt aus der Linse wird das Licht vom Lot weg gebrochen, also

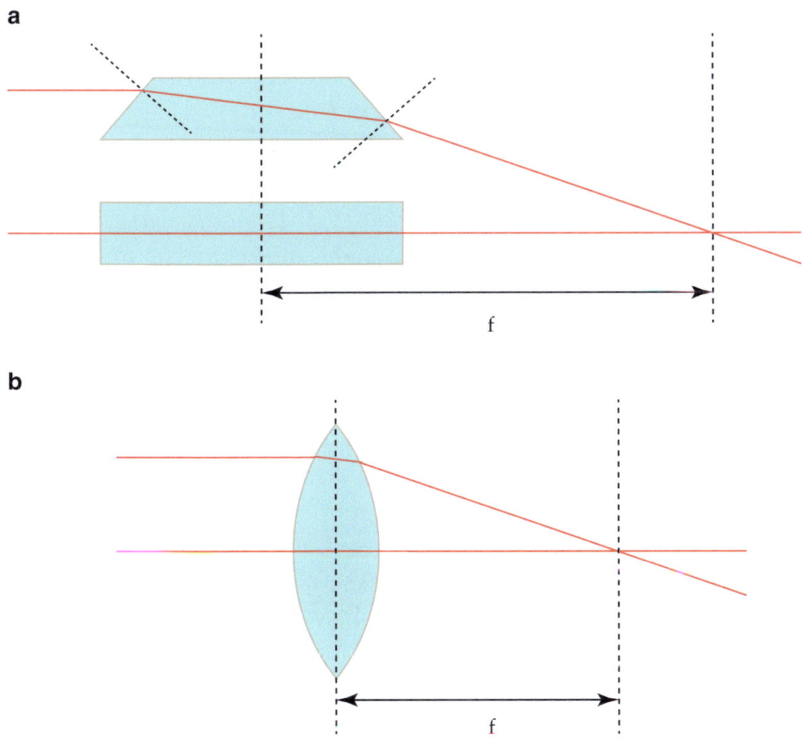

Abb. 1.2 Strahlverlauf in Elementarprismen einer bikonvexen Linse. **a** Ein zentraler Strahl durchläuft ein Prisma mit parallelen Grundflächen bei senkrechtem Einfall. Der Strahl wird nicht gebrochen. Ein parallel dazu verlaufender Strahl in einem oberen Linsenelement wird zweimal in dieselbe Richtung gebrochen, der austretende Strahl schneidet den zentralen Strahl im Abstand der Brennweite *f*. **b** Eine ideale Linse kann man sich aus sehr vielen Prismen wie bei **a** beschrieben zusammengesetzt vorstellen. Alle parallel zur optischen Achse verlaufenden Strahlen schneiden sich idealerweise im Brennpunkt, der von der Linsenmitte bei der Brennweite *f* zu finden ist

wieder „nach unten", da hier die Brechungsindices umgekehrt durchlaufen werden. Daraus ergibt sich der endgültige Strahlverlauf. Dieser Randstrahl ist nun nicht mehr parallel zum zentralen Strahl, und beide schneiden sich in einem Abstand *f* von der Hauptebene. Dieser Abstand wird als „Brennweite" bezeichnet. Im Falle einer idealen Linse würden sich alle parallelen Strahlen in diesem Punkt schneiden. Leider ist das nicht so, und die Kunst der Linsenmacher besteht darin, die unterschiedlichen systematischen Linsenfehler durch geschickte Kombination verschiedener Einzellinsen zu korrigieren, sodass sich die Fehler am Ende aufheben. Ein sehr gut korrigiertes Mikroskop-Objektiv (das gelegentlich auch etwas nonchalant einfach als „Linse" bezeichnet wird) kann daher aus bis zu ca. 20 Einzellinsen aufgebaut sein. Diese Einzellinsen haben oft sehr kleine Durchmesser und kleine Krümmungsradien und müssen sehr genau zentriert und auf der Achse justiert werden. Daher kommt es, dass die Kosten solcher optisch-feinmechanischer Kunstwerke schnell jene eines Mittelklassewagens überschreiten können.

Um die wesentlichen geometrischen Aspekte eines optischen Systems zu konstruieren, muss man drei Strahlverläufe kennen. Dazu ein paar Erläuterungen – die Verhältnisse sind in Abb. 1.3 dargestellt: Als Achse (auch: optische Achse) bezeichnet man die Gerade, die senkrecht durch die Linsenmitte führt. Senkrecht dazu steht die Hauptebene, die bei symmetrischen Linsen mit der Mittenfläche der Linse übereinstimmt. Den Brennpunkt F findet man im Abstand der Brennweite f. So wie für Abb. 1.3 abgebildet, gilt der Brennpunkt für achsenparallele Strahlen. Strahlen, die zu einer anderen, durch den Linsenmittelpunkt gehenden Geraden parallel sind, haben einen Brennpunkt ebenfalls im Abstand f, aber nicht auf der optischen Achse. Alle diese Punkte bilden zusammengenommen die „Brennebene". Da alle Vorgänge symmetrisch sind – es ist also egal, ob das Licht „von links" oder „von rechts" kommt –, gibt es auch eine Brennweite f_1 auf der anderen Seite mit dem dazugehörigen Brennpunkt F_1 und einer ebenso gestalteten Brennebene. Wir werden hier das Licht immer „von links nach rechts" strahlen lassen; f kann man darum auch „hintere Brennebene" nennen. Aus historischen Gründen findet man in der Literatur für Mikroskopie auch „obere Brennebene", weil die frühen Mikroskope immer senkrecht aufgebaut waren

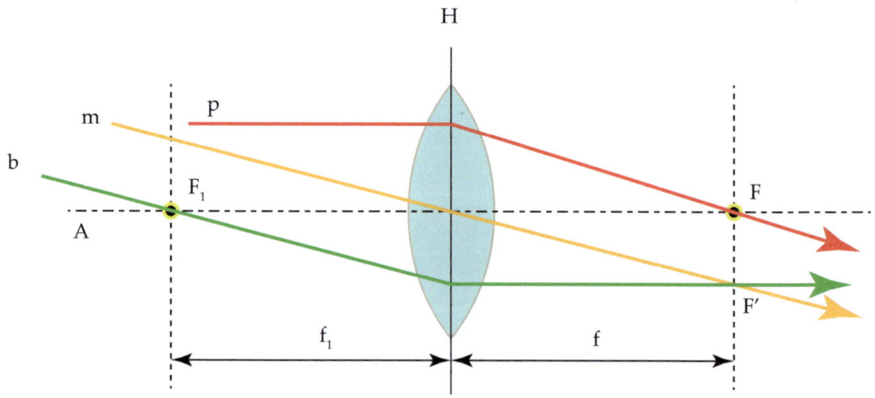

Abb. 1.3 Die wesentlichen Strahlen bei einer optischen Linse. *A*: optische Achse; *F*, F_1: Brennpunkte; *f*, f_1: Brennweiten; *H*: Hauptebene. *p* Ein zur Achse paralleler Strahl verläuft nach dem Durchgang durch die Linse durch den hinteren Brennpunkt *F*. *m* Ein durch die Linsenmitte gehender Strahl wird nicht gebrochen. *b* Ein durch den vorderen Brennpunkt gehender Strahl wird zum achsenparallelen Strahl. In diesem Beispiel sind die Strahlen *m* und *b* parallel, sie schneiden sich deshalb in einem Punkt *F′*, der in der Brennebene liegt

und das Licht von unten nach oben verlief. Hier also die drei wichtigen Strahlverläufe:

1. Strahlen, die durch die Mitte der Linse gehen, werden nicht gebrochen (egal, ob sie parallel zur Achse einfallen oder in beliebigem Winkel).
2. Strahlen, die aus dem Brennpunkt kommen, verlaufen nach dem Durchgang durch die Linse parallel zur Achse.
3. Strahlen, die parallel zur Achse auf die Linse treffen, schneiden die Achse im hinteren Brennpunkt (dies ist wegen der Symmetrie dasselbe wie die Strahlen aus Nr. 2).

Das gilt streng so nur für ideale Linsen. Für unsere Zwecke ist das aber schon ausreichend. Wenn man mit zwei Strahlen den einen Bildpunkt konstruiert hat, kann man beliebige Strahlen vom Objektpunkt aus in Richtung Linse zeichnen, sie werden immer zum gleichen Objektpunkt hin gebrochen. Zum Grundkonzept eines modernen Mikroskops fehlen uns jetzt noch zwei Schritte. Dazu betrachten wir zwei Verwendungsmöglichkeiten von Sammellinsen.

1.2 Das Mikroskop

Da wir kleine Objekte vergrößern wollen, werden wir eine Linse verwenden, die dem Objekt zugewandt ist und ein vergrößertes Bild des Objektes erzeugt. Eine dem Objekt zugewandte Linse heißt konsequenterweise Objektiv. Allerdings werden dazu nicht einfach Linsen eingesetzt, sondern, wie oben schon angesprochen, komplexe Systeme aus vielen Linsen, mit denen geometrische und chromatische Fehler der Einzellinsen kompensiert werden. Dennoch kann man die Abbildung eines solchen Objektivs in erster Näherung durch die Gesetze einer einfachen Linse beschreiben.

1.2.1 Das Objektiv

Um ein vergrößertes Bild mittels einer Linse zu erzeugen, muss der Gegenstand sich in einem Abstand zwischen 1 und 2 Brennweiten vor dem Objektiv befinden. Wenn wir dann die beschriebenen Strahlverläufe anwenden, stellen wir fest, dass ein umso größeres Bild entsteht, je näher das Objekt an den Brennpunkt rückt. Dabei wird auch der Bildabstand immer größer (was ein größeres Instrument zur Folge hat). Kommt das Objekt direkt in den Abstand $2f$ zu liegen, wird der Abbildungsmaßstab 1. Bei Abständen größer als $2f$ wird das Bild kleiner als das Objekt, wobei das Bild immer näher an den hin-

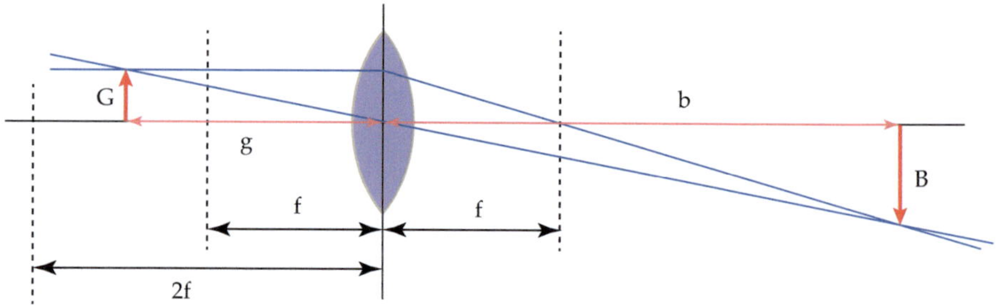

Abb. 1.4 Abbildung bei einem Mikroskop-Objektiv. Mithilfe der Strahlen aus Abb. 1.3 lässt sich das Bild *B* eines Gegenstandes *G* im Abstand *g* vor der Hauptebene des Objektivs konstruieren. Liegt *g* zwischen *f* und 2*f*, dann wird das Objekt vergrößert (*B* > *G*). Das umgedrehte reelle Bild entsteht im Abstand *b* hinter der Hauptebene des Objektivs

teren Brennpunkt F_1 rückt. Das Bild eines Fernrohr-Objektivs liegt deshalb etwa im hinteren Brennpunkt, weil die astronomischen Objekte „ungefähr" unendlich weit entfernt sind.

Das Verhältnis aus der Größe des Bildes B und dem Objekt G wird als Abbildungsmaßstab A bezeichnet Abb. 1.4. Wegen der Strahlensätze ist auch das Verhältnis aus b und g gleich dem Abbildungsmaßstab. Es gilt also:

$$A_{\mathrm{Obj}} = \frac{B}{G} = \frac{b}{g}. \tag{1.2}$$

Weiter gilt die Linsengleichung, die die Objektweite g und Bildweite b mit der Brennweite f verbindet:

$$\frac{1}{f} = \frac{1}{b} + \frac{1}{g}. \tag{1.3}$$

Damit lässt sich nach wenigen Umformungen der Abbildungsmaßstab als eine Funktion der Brennweite angeben:

$$A_{\mathrm{Obj}} = \frac{f}{g-f} = \frac{b-f}{f}. \tag{1.4}$$

Das entstandene Bild ist ein reelles Bild. Das bedeutet, dass man im Abstand b von der Hauptebene ein Stück weißes Papier in den Strahlengang halten kann und dort wirklich ein Bild sehen wird. In Mikroskopen, die eine Kamera zur Aufzeichnung der Bilder benutzen, wird tatsächlich dieses vom Objektiv erzeugte reelle Bild auf den Kamerachip projiziert. Der Chip setzt dieses Bild dann in ein elektronisches Signal um, das wir anschließend auf einem Monitor wieder sichtbar machen können. Insofern ist ein Video-Mikroskop eigentlich gar kein zusammengesetztes Mikroskop.

1.2.2 Das Okular

Um wirklich genügend Details aus dem Präparat wahrnehmen zu können, wird das oben beschriebene Bild nochmals vergrößert. Dies geschieht mit einer weiteren Linse, die dem Auge zugewendet ist und darum als Okular bezeichnet wird. Auch hier kommen in Wahrheit mehrlinsige Systeme zum Einsatz. Die Wirkung des Okulars ist die einer Lupe, mit der das Bild aus dem Objektiv betrachtet wird. Aus diesem Grund nennt man das Bild der ersten Stufe „Zwischenbild".

Als Lupe wirkt eine Linse, wenn der Gegenstand (oder das Zwischenbild) zwischen der Linse und der vorderen Brennebene zu liegen kommt. Dabei entsteht aber kein reelles Bild, das man auf einem Schirm auffangen und vermessen könnte. Das entstehende Bild wird daher als „virtuell" bezeichnet – ebenso wie ein Spiegelbild ein virtuelles Bild ist. Aus diesem Grund kann man auch nicht von einem Abbildungsmaßstab reden, sondern spezifiziert die Vergrößerung als Winkelvergrößerung. Um die Leistung einer Lupe zu beschreiben, vergleicht man den Sehwinkel, den ein Objekt ohne solche Sehhilfe überstreicht (Abb. 1.5), mit dem Winkel, der nach eingeschalteter Linse überstrichen wird.

Bei normalem Sehen ohne Lupe gehen wir von einem Abstand s_0 der Augen vom Objekt von 25 cm aus. Das ist ein Abstand, in dem das Auge längere Zeit ohne Anstrengung auf das Objekt fokussieren kann. Der Sehwinkel ε_0 ist dann durch das Verhältnis dieses Abstandes und der Größe G des Objektes definiert:

$$\tan \varepsilon_0 = \frac{G}{s_0}. \tag{1.5}$$

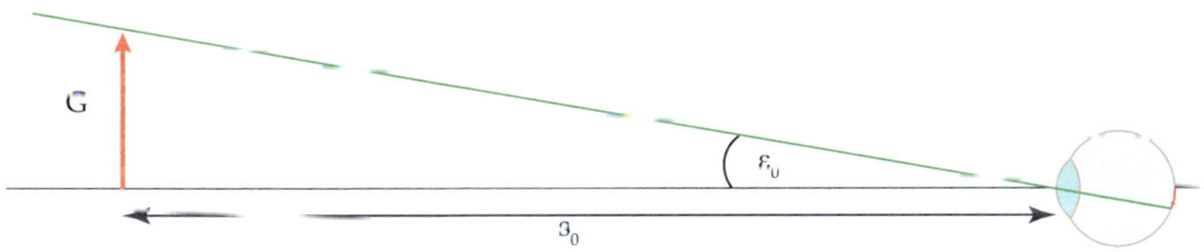

Abb. 1.5 Sehwinkel ohne optische Hilfe. Als Sehwinkel wird der Winkel bezeichnet, den ein Objekt vor dem Auge überstreicht. Bei normalem Abstand der Augen vom Objekt, der als 25 cm angenommen wird (Sehweite $s_0 = 25$ cm), ist der Sehwinkel dann durch das Dreieck aus der Größe des Gegenstandes G und dem Abstand s_0 definiert: $\tan \varepsilon_0 = G/s_0$. Dadurch wird auch die Größe des Bildes auf der Netzhaut festgelegt

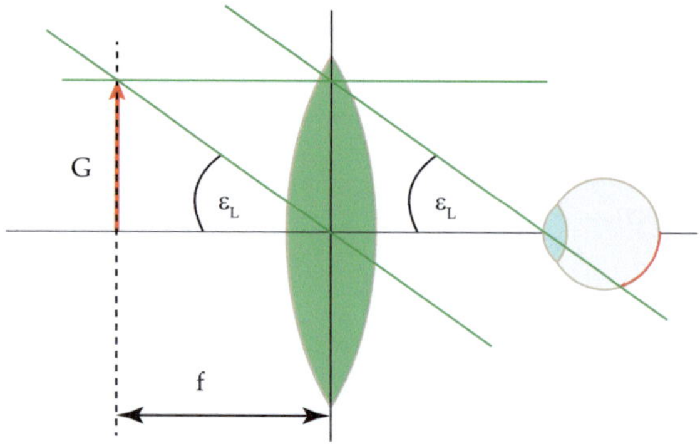

Abb. 1.6 Die Wirkung einer Lupe. Der Gegenstand *G* wird in dem hier beschriebenen speziellen Fall genau in die vordere Brennebene der Lupe bei *f* gelegt. Der zentrale Strahl von der Spitze des Pfeils schließt mit der optischen Achse den Winkel ε_L ein. Da der Gegenstand in der Brennebene liegt, sind alle Strahlen, die man von der Pfeilspitze konstruieren kann, parallel. Das trifft auch für einen eingezeichneten Parallelstrahl zu. Er schneidet die optische Achse unter demselben Winkel ε_L. Bringt man das Auge in diese Position, dann wird klar, dass dies der durch die Lupe erzeugte Sehwinkel ist, mit $\tan \varepsilon_L = G/f$. Das Bild auf der Retina ist nun viel größer als ohne Lupe

Je größer der Sehwinkel, desto größer das Bild auf der Netzhaut. Und desto größer unsere Wahrnehmung des Objektes. Gleichzeitig wird durch die höhere Zahl angesprochener Rezeptoren das Bild auch mit höherem Detailreichtum wahrgenommen. Es wäre also schön, wenn wir unsere Augen in immer größere Nähe zum Objekt bringen könnten und immer noch ein scharfes Bild bekämen. Leider kann das Auge nur bis zu einem Abstand von etwa 5 cm akkommodieren, und das ist schon recht anstrengend. Zudem gilt das auch nur für sehr junge Menschen, die Akkommodationsfähigkeit nimmt mit dem Alter stark ab. Eine Lupe macht genau dies: Sie vergrößert den Sehwinkel, wie in Abb. 1.6 dargestellt ist.

Der Gegenstand muss, um die Lupenwirkung zu erhalten, zwischen dem vorderen Brennpunkt F und der Lupe selbst liegen. Wie wir gleich sehen werden, ist es sehr sinnvoll, den Gegenstand genau *in* diesen Brennpunkt zu legen. Wenn wir nun die Abbildung konstruieren, können wir zunächst einen zentralen Strahl zeichnen, der vom Objektpunkt durch die Linsenmitte geht. Dieser Strahl schneidet die optische Achse unter dem Winkel ε_L. Wie in Abschn. 1.1 ausgeführt, kann man den Parallelstrahl so konstruieren, dass er sich im selben Bildpunkt wie der zentrale Strahl schneidet. Da der Gegenstand aber genau im Brennpunkt liegt, ist dieser Schnittpunkt im Unendlichen, d. h. die Strahlen verlaufen parallel. Jeder von diesem Objektpunkt kommende Strahl schneidet also die optische Achse unter demselben Winkel ε_L. Wenn wir mit dem Auge nun durch die Lupe schauen, wird dieser Winkel der gewünschte neue

Sehwinkel:

$$\tan \varepsilon_L = \frac{G}{f_L}. \tag{1.6}$$

Und die Vergrößerung, die wir mit der Lupe erreichen, können wir aus dem Vergleich der beiden Sehwinkel berechnen:

$$V_L = \frac{\tan \varepsilon_L}{\tan \varepsilon_0} = \frac{G}{f_L} \cdot \frac{s_0}{G} = \frac{25\,\text{cm}}{f_L}. \tag{1.7}$$

Die Vergrößerung ist demnach einfach zu errechnen, indem man die Standardsehweite 25 cm durch die Brennweite der Lupe teilt. Für eine Lupe etwa der Brennweite 5 cm ergibt sich damit eine Lupenvergrößerung von 5-fach.

1.2.3 Das zusammengesetzte Mikroskop

Eine Lupe reicht als einfaches Instrument für die visuelle Vergrößerung schon aus, und tatsächlich waren die berühmten Mikroskope von Antoni van Leeuwenhoek im ausgehenden 17. Jahrhundert prinzipiell Lupen, da sie aus einzelnen Linsen bestanden, aber aus solchen mit sehr kleiner Brennweite von etwa 1 mm. Aus den Ausführungen in Abschn. 1.2.2 kann man daraus ableiten, dass damit Vergrößerungen von immerhin 250-fach möglich waren. Die Benutzung war allerdings sehr unbequem, da – um einen einigermaßen brauchbaren Bildausschnitt sehen zu können – das Instrument sehr nahe an das Auge geführt werden musste.

Die Lösung bestand darin, eine abbildende Linse mit einer Lupe zu kombinieren: das zusammengesetzte Mikroskop (Abb. 1.7). Hier wird zunächst der Gegenstand als reelles Zwischenbild vergrößert (1. Stufe) und dieses reelle Zwischenbild anschließend mit einer Lupe betrachtet (2. Stufe). Die Lupe (das Okular) wird dabei so angeordnet, dass das Zwischenbild in ihrer vorderen Brennebene zu liegen kommt.

Die Gesamtvergrößerung M lässt sich aus den beiden Teilvergrößerungen durch einfache Multiplikation berechnen:

$$M = A_{\text{Obj}} \cdot V_L. \tag{1.8}$$

Diese Anordnung hat einige wichtige Eigenschaften:

1. Es können sehr hohe Vergrößerungen erreicht werden, in der Praxis etwa bis zu 2000-fach.
2. Es ist nicht notig, das Auge sehr nahe an die Optik zu bringen, die Okulare werden so gestaltet, dass auch Brillenträger das Instrument bequem benutzen können.

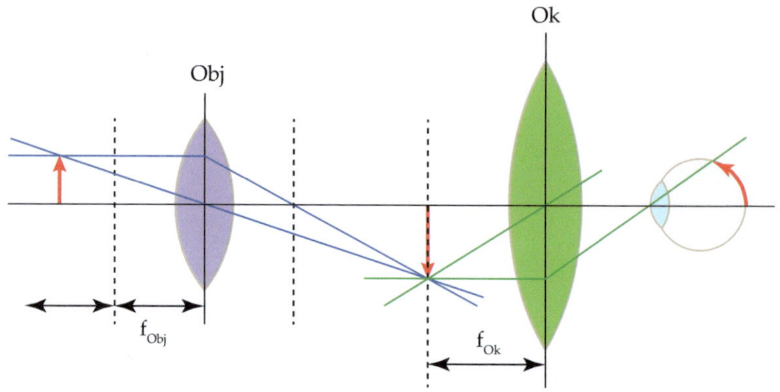

Abb. 1.7 Das zusammengesetzte Mikroskop. Im ersten Schritt (in *blauen* Tönen gehalten) bildet das Objektiv das Objekt (*roter Pfeil*) in ein reelles, vergrößertes und umgekehrtes Bild ab, das Zwischenbild. Das Okular (in *grünen* Tönen gehalten) erzeugt zusammen mit der Augenlinse ein vergrößertes Bild auf der Netzhaut. Das Lupenbild selbst ist virtuell und im Unendlichen (nicht dargestellt)

3. Da das Lupenbild im Unendlichen erzeugt wird, kann man die Augen entspannen (Fernakkommodation) und ohne Anstrengung stundenlang mikroskopieren.

Wenn man schon mit einer einzigen Linse eine Vergrößerung von 250-fach erzielen kann und die Gesamtvergrößerung doch das Produkt aus den beiden Vergrößerungen ist, warum gibt es dann keine Lichtmikroskope, die beispielsweise 50.000-fach vergrößern? Der Grund liegt im Detailreichtum der Bilder, der nicht von der Vergrößerung abhängt. Wenn das Bild aber nicht sehr viele Details enthält, macht auch weiteres Vergrößern keinen Sinn mehr. Wie sich dieser Detailreichtum quantifizieren lässt und wovon er wirklich abhängt, wird im nächsten Abschnitt beschrieben.

1.3 Die Auflösung und ihre Grenzen

Wer ein Buch lesen möchte, muss die Buchstaben erkennen können. Ist die Schrift zu klein, kann man die Form der Schriftzeichen mit bloßem Auge nicht mehr unterscheiden. Die Schrift scheint mit zunehmendem Alter immer kleiner zu werden: Irgendwann braucht man eine Sehhilfe, damit die Buchstaben wieder groß genug sind. Dabei genügt es, die Buchstaben einfach nur größer zu machen. Man möchte nicht die Ränder der Buchstaben auf Unregelmäßigkeiten oder wiederkehrende Fehler untersuchen – außer man ist Schriftsetzer oder Kriminalkommissar.

Um Objekte einfach nur größer zu machen, etwa so, wie man eine Fotografie auf Papier unterschiedlichen Formats bringt, würde kein Geldgeber die doch ansehnlichen Summen bereitstellen, die für Forschung in Biologie und Medizin ausgegeben werden. Man sieht eben nicht nur schlecht, man ist neugierig: Welche neuen Strukturen werden sichtbar, wenn ich mit so einem Instrument in ein Stückchen Gewebe schaue? Welche neuen Details kann ich erkennen und beschreiben, wenn ich nur die kleinen Dinge nicht nur größer mache, sondern sie in ihre Teile auflösen kann? Dieser Detailreichtum wird mit der Auflösung beschrieben. Genauer müsste man sagen: mit dem Auflösungsvermögen des betreffenden optischen Gerätes. In dem Wort „Auflösung" steckt der Begriff „lösen". Es soll also gelingen, Dinge, die zunächst als ein Objekt erscheinen, voneinander zu lösen – sie aufzutrennen (wenn es denn tatsächlich mehrere Dinge sind!).

Mit der Entwicklung optischer Geräte und dem Versuch, sie auch physikalisch zu verstehen, wurden am Ende des 19. Jahrhunderts mehrere Wege beschritten, dieses Phänomen der Auflösung in den Griff zu bekommen und – wenn möglich – auch zu quantifizieren. Drei Möglichkeiten einer Definition sollen hier beschrieben werden.

1.3.1 Abbes Formel

Ernst Karl Abbe war Professor für Physik an der Universität Jena. Er hatte eine intensive Zusammenarbeit mit der optischen Werkstatt von Carl Zeiss, deren Geschäfte er später übernahm. Carl Zeiss hatte schon vorher Partner gesucht, die ihm helfen sollten, Mikroskope nach physikalischen Rechnungen zu konstruieren. Erst Abbe konnte diese Problematik erfolgreich angehen, wobei er jede Unterstützung von Zeiss in den Werkstätten bekam. Abbe war zwar Professor, schrieb aber sehr wenig Veröffentlichungen. Einen großen Teil seiner Betrachtungen schickte er handschriftlich der Englischen Mikroskopischen Gesellschaft nach London, mit der er regen Austausch pflegte. Die wichtigste Veröffentlichung, die auch meist zitiert wird, ist von 1873 mit dem Titel *Beiträge zur Theorie des Mikroskops und der mikroskopischen Wahrnehmung*. Auch in dieser findet man bei oberflächlicher Suche nicht die berühmte Formel. Die ganze 55-seitige Abhandlung enthält gar keine Formel, sie ist auch nicht illustriert. Man muss die Zusammenhänge aus dem Text ableiten. Wir wollen versuchen, seine Einsichten in verständlicher Form darzustellen.

Um herauszufinden, wie der Detailreichtum mit der Optik des Mikroskops zusammenhängt, geht man am besten von einem möglichst einfachen Objekt aus. Ein solches Objekt ist ein optisches Gitter. Wir betrachten also eine periodische Struktur von transparenten und undurchsichtigen Streifen: ein Transmissionsgitter. Der Detailreichtum kann über den Abstand der Streifen

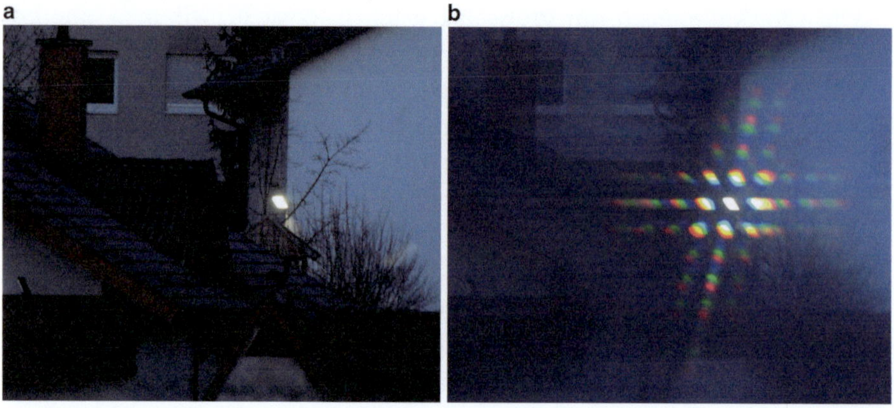

Abb. 1.8 Eine Straßenlaterne in der Dämmerung (**a**). Befindet sich zwischen dieser Laterne und dem Beobachter eine (geeignete) Gardine, kann man ohne teure Instrumente Beugungseffekte studieren (**b**). Da die Gardine wie ein Kreuzgitter wirkt, findet man Beugungseffekte in den beiden Achsen des Gewebes, die senkrecht zueinander stehen (durch die Falten der Gardine hier etwas verzerrt). Auch die Diagonale ist periodisch, weshalb auch hier das Beugungsmuster nicht verschwindet. Sehr schön ist hier auch die stärkere Beugung längerwelligen Lichtes zu sehen

vorgegeben werden: Je mehr Streifen pro Millimeter, desto kleiner die Details und desto höher muss das Auflösungsvermögen der Optik sein, wenn man die Streifen erkennen möchte. Wenn ein Gitter mit parallelem Licht senkrecht zum Gitter beleuchtet wird, dann kann man auf der anderen Seite ein Beugungsmuster nachweisen. Solche Beugungseffekte umgeben uns täglich, allerdings übersehen wir diese Phänomene in der Regel. Ein einfaches und preiswertes Experiment ist beispielsweise ein Blick durch eine Zimmergardine (Abb. 1.8).

Teilweise wird der Lichtstrahl geradeaus durchgelassen. Das ist der zentrale bzw. ungebeugte Strahl, auch 0. Ordnung genannt. Auf beiden Seiten der 0. Ordnung findet man weitere Strahlen in bestimmten Abständen, die mit 1., 2., … Ordnung bezeichnet werden (Abb. 1.9). Abbe stellte fest, dass man die Gitterstrukturen im Bild nur erkennen kann, wenn die Mikroskop-Optik außer dem ungebeugten Strahl mindestens auch noch die 1. Ordnung passieren lässt.

Aus der Wellenoptik wissen wir, dass für den Winkel β_m, unter dem die m-te Ordnung zum zentralen Strahl austritt, die Gittergleichung 1.9 gilt:

$$\sin \beta_m = \frac{m \cdot \lambda}{nd}. \tag{1.9}$$

Dabei bezeichnet m die Ordnung, λ die Wellenlänge, n den Brechungsindex und d die Gitterkonstante (Abstand gleicher Phase, Periodizität).

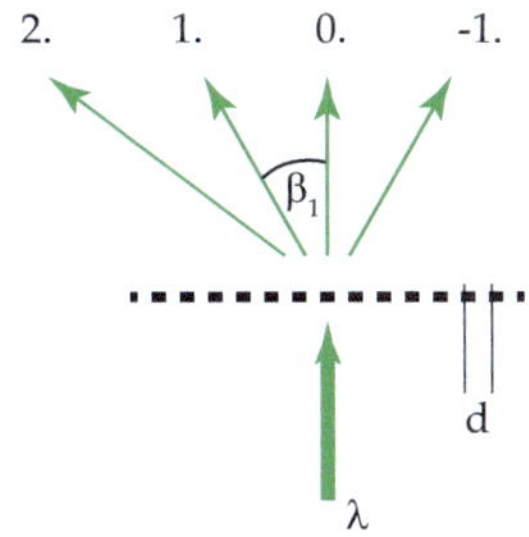

Abb. 1.9 Beugung am Gitter. Licht mit der Wellenlänge λ wird an einem Gitter mit der Gitterkonstanten *d* in verschiedene Ordnungen gebeugt (hier dargestellt: 2. bis −1. Ordnung). Für den Winkel der 1. Ordnung gilt nach Gl. 1.9: sin $\beta_1 = \lambda/ng$. Die Gitterkonstante *d* ist die Summe der Breiten eines undurchsichtigen und eines durchsichtigen Streifens

Für die 1. Ordnung folgt daraus:

$$\sin \beta_1 = \frac{\lambda}{nd}. \tag{1.10}$$

Abbes Erkenntnis besteht darin, dass man, um ein Bild des Gitters im Mikroskop zu erhalten, mindestens zwei Ordnungen mit dem Objektiv „auffangen" muss. Wenn nur die 0. Ordnung in das Objektiv eindringt, ist das Gitter nicht sichtbar. Da man ein beliebiges Präparat als eine Zusammensetzung sehr vieler kleiner Teilgitterchen mit unterschiedlichen Gitterkonstanten und unterschiedlicher Orientierung beschreiben kann, lässt sich die Abbe'sche Forderung auch auf gewöhnliche Präparate übertragen.

Der Winkel, den ein Objektiv aufnehmen kann, wird als (halber) Öffnungswinkel α bezeichnet. Das gilt geometrisch für Objektive, deren Frontlinse von Luft (Vakuum) umgeben ist. Wenn man zwischen Präparat und Objektiv eine Flüssigkeit mit höherem Brechungsindex, ein sogenanntes Immersionsmedium bringt, kann man diesen Winkel vergrößern. Dabei ist der Brechungsindex n des Immersionsmediums entscheidend, um welchen Betrag der Winkel vergrößert werden kann. Das führt zur Definition der „numerischen Apertur" NA, die auch kurz „Öffnung" genannt wird.

$$\mathrm{NA} = n \cdot \sin \alpha \tag{1.11}$$

Aus der Voraussetzung, die 0. und die 1. Ordnung mit dem Objektiv aufzunehmen, und aus den Betrachtungen der Beugung am Gitter folgt daher ohne Weiteres die Forderung, dass der Öffnungswinkel des Objektivs den Winkel der 1. Ordnung mindestens überstreichen muss:

$$n \cdot \sin\alpha = \text{NA} \geq \sin\beta_1 = \frac{\lambda}{nd}. \tag{1.12}$$

Dabei ist d als Gitterkonstante ja der Abstand zweier Linien. In der obigen Ungleichung (Gl. 1.12) kann man das als den Mindestabstand d zweier Objekte im mikroskopischen Präparat auffassen und erhält daraus sofort:

$$d = \frac{\lambda}{\text{NA}}. \tag{1.13}$$

Aus den Abb. 1.10 und Abb. 1.11 kann man diesen Sachverhalt nachvollziehen. Es sind für zwei Fälle die Querschnitte durch Präparat und Objektiv skizziert, darüber ein Bild, das man in der Beugungsebene sehen würde, und nochmals darüber ein Bild, das im Mikroskop tatsächlich erscheint. Im ersten Fall ist die Öffnung NA des Objektivs kleiner als d/λ, darum bleibt das Bild leer. Im zweiten Fall werden die ersten Ordnungen mit übertragen, da die Öffnung hier gerade so groß wie das Beugungsbüschel ist. Tatsächlich kann man nun im Mikroskop ein Bild des optischen Gitters wahrnehmen, die Strukturen werden aufgelöst.

Die Gl. 1.13 ist aber noch nicht die berühmte Abbe-Formel. Dort findet man im Nenner noch einen Faktor 2. In der Literatur wird üblicherweise ohne weitere Erläuterung darauf verwiesen, dass ja auch der Kondensor zur Beleuchtung eine Öffnung NA_{kond} hat, und wenn diese ebenso groß wie die Öffnung des Objektivs NA_{Obj} ist, dann erhält man eben die doppelte Auflösung (d darf halb so groß sein).

Es lohnt, dies am begonnenen Beispiel nachzuprüfen. Wenn wir den Winkel, mit dem das Gitter beleuchtet wird, um einen zusätzlichen Wert γ ändern, dann bleibt die Geometrie des Beugungsbüschels erhalten, da der Winkel zwischen 0. und 1. Ordnung nur vom Gangunterschied abhängt. Der Gangunterschied wird aber nur von der Gitterkonstanten und der Farbe des Lichtes bestimmt. Die 0. Ordnung setzt den einfallenden Strahl dabei geradlinig fort – das Gitter verhält sich hier wie eine gewöhnliche Glasscheibe. Damit können wir die Gittergleichung (Gl. 1.9) erweitern zu:

$$\sin\beta_m + \sin\gamma = \frac{m \cdot \lambda}{nd}. \tag{1.14}$$

Damit die 0. Ordnung überhaupt noch vom Objektiv aufgenommen wird, darf der Winkel γ höchstens so groß werden wie die Öffnung des Objektivs α. Dieser Winkel ist ebenso groß wie der zur 1. Ordnung gehörige Winkel β_1 unter zentraler Beleuchtung.

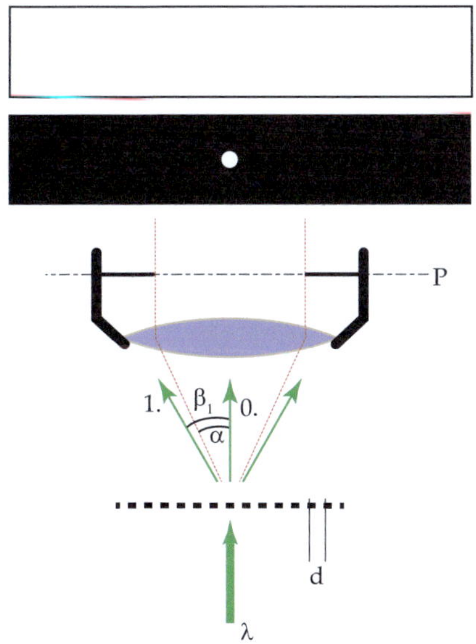

Abb. 1.10 Der Öffnungswinkel α beschreibt den Winkel, unter dem ein Objektpunkt noch die Pupille *P* des Objektivs durchstrahlen kann. Die Öffnung wird als numerische Apertur NA auf dem Objektiv spezifiziert. Hier sieht man, dass ein Objekt mit Strukturen der Größenordnung *d* nicht detailliert abgebildet wird, wenn die Öffnung kleiner als der Winkel für die 1. Ordnung ist. Das *schwarze Rechteck* zeigt das Beugungsbild (in der hinteren Fokusebene) und enthält nur die 0. Ordnung als *weißen Punkt*. Darüber ist das Bild skizziert: Es enthält keine aufgelösten Strukturen. (Anmerkung: Hier ist eine Situation zu sehen, in der das Objekt in der Brennebene liegt und das Objektiv folglich parallele Strahlenbüschel erzeugt. Dies trifft für Mikroskopsysteme mit „Unendlich-Optik" zu)

Abb. 1.11 Sobald der Öffnungswinkel wenigstens die erste Ordnung mit einschließt, kann man im Beugungsbild *drei Punkte* sehen: die 0. und die beiden ersten Ordnungen (1. und −1.). In der Bildebene ist das Gitter als aufgelöste Struktur erkennbar

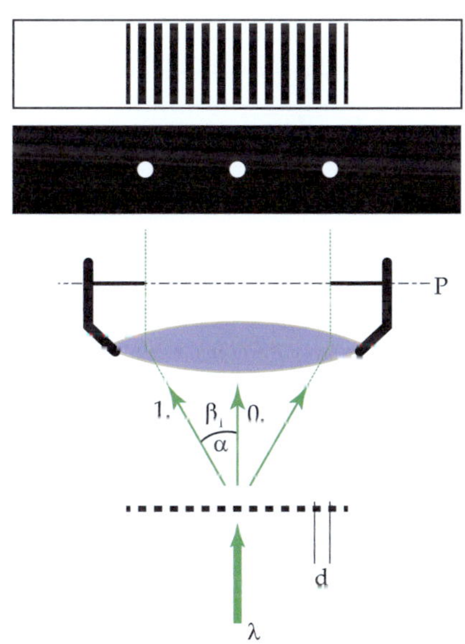

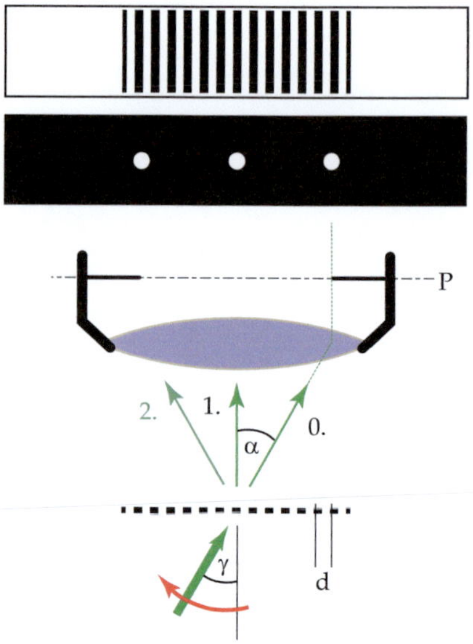

Abb. 1.12 Dreht man die Richtung der Beleuchtung γ um gerade den Öffnungswinkel α des Objektivs, wird die 0. Ordnung um eine Position nach rechts verschoben und tritt gerade noch am Rande durch die Pupille. Die 1. Ordnung hat dann den Winkel 0 und verläuft auf der optischen Achse und damit auf der Gitternormalen

Wenn wir die Beleuchtung um den Winkel γ gedreht haben, rutschen die Beugungsordnungen im Beugungsbild daher jeweils gerade um eine Position nach rechts (Abb. 1.12). Nun beginnen wir ein Gedankenexperiment (Abb. 1.13): Nehmen wir an, das Gitterpräparat sei aus einem besonderen Gummi, das man ohne Zerstörung der Gitterstruktur zusammendrücken könnte. Nur die Abstände werden immer kleiner. Dadurch bekommen wir eine neue Gitterkonstante d' und die erste Beugungsordnung wandert aus der Gitternormalen nach links. Das können wir so lange fortsetzen, bis die 1. Ordnung sozusagen das gegenüberliegende Ufer der Pupille erreicht. Würden die Abstände noch kleiner gemacht, träte nur noch die 0. Ordnung in das Beugungsmuster und es entstünde kein Bild mehr. Für die extreme Lage können wir die Gittergleichung aufschreiben:

$$\sin\beta_1' + \sin\gamma = \frac{\lambda}{nd'}. \tag{1.15}$$

Dabei ist wichtig, sich daran zu erinnern, dass in der Gittergleichung die Beugungswinkel immer zur Gitternormalen bestimmt werden. Der Winkel β_1' ist deshalb identisch mit dem Winkel β_1 beim ursprünglichen Gitter! Es ist also zusammen mit dem Ergebnis aus Gl. 1.10:

$$\sin\beta_1' = \sin\beta_1 = \frac{\lambda}{nd} = \sin\gamma. \tag{1.16}$$

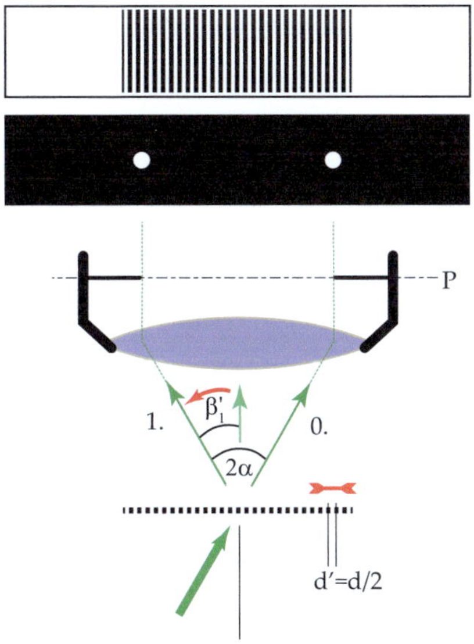

Abb. 1.13 Da die Richtung der 0. Ordnung nicht von der Gitterkonstanten abhängt, kann man nun in einem Gedankenexperiment die Gitterlinien so lange nähern (*roter Doppelpfeil*), bis die 1. Ordnung eben die Öffnung des Objektivs nicht überschreitet. Bei einer Verkleinerung der Gitterkonstanten wandert in diesem Beispiel die 1. Ordnung nach links (*roter Pfeil*). Da es ausreicht, 0. und 1. Ordnung zu sammeln, kann der Abstand der Gitterlinien halbiert werden, um dennoch ein Bild erzeugen zu können. Die Auflösung ist nun doppelt so hoch

Setzen wir diese Identitäten in Gl. 1.15 ein, dann ergibt sich:

$$\frac{\lambda}{nd} + \frac{\lambda}{nd} = \frac{\lambda}{nd'} \tag{1.17}$$

und daraus durch einfache Umformung:

$$d = 2d'. \tag{1.18}$$

Das können wir nun in der Gl. 1.13 verwenden und erhalten die berühmte Abbe-Formel:

$$d_A = \frac{\lambda}{2 \cdot \mathrm{NA}}. \tag{1.19}$$

Der Kondensor gewährleistet diese schiefe Beleuchtung, indem Licht mit einer Sammellinse kegelförmig auf das Präparat gerichtet wird. Der Kegelmantel beschreibt den größten Winkel, in dem die Beleuchtung eintrifft. Da dieser Mantel alle Orientierungen in der Ebene des Präparates abdeckt, erhält man die gewünschte Auflösung in allen Richtungen der Objektebene (isotrope

Auflösung). Weiter entspricht der Mantel eben der Öffnung des Kondensors, und es lässt sich der gewünschte Zusammenhang deshalb wie erwartet zusammenfassen:

$$d = \frac{\lambda}{\mathrm{NA_{Obj}} + \mathrm{NA_{Kond}}}. \tag{1.20}$$

Wird die numerische Apertur des Kondensors größer als die Apertur des Objektivs, kann keine weitere Auflösung gewonnen werden, da die 0. Ordnung der äußeren Winkel nicht mehr in das Objektiv treffen. Die Auflösung bleibt daher immer zwischen λ/NA und $\lambda/2\mathrm{NA}$.

Ernst Abbe (1873) hat diese Erkenntnisse so zusammengefasst: „... so folgt, dass, wie auch das Mikroskop in Bezug auf die förderliche Vergrößerung noch weiter vervollkommnet werden möchte, die Unterscheidungsgrenze für centrale Beleuchtung doch niemals über den Betrag der ganzen, und für äusserste schiefe Beleuchtung niemals über den der halben Wellenlänge des blauen Lichts um ein Nennenswerthes hinausgehen wird."

Unser Auge kann kürzeste Wellenlängen „im Blauen" wahrnehmen, etwa bis hinunter zu 400 nm. Gewöhnliche Mikroskope stoßen daher bei Strukturen von etwa 200 nm an ihre Grenzen. Das ist 1/5000 mm und damit ganz grob 500-mal besser als das unbewaffnete Auge. Für jeden Wissensdurstigen lohnt sich daher die Anschaffung eines guten Lichtmikroskops!

1.3.2 Leuchtende Punkte

Ein anderer Weg, um Trennbarkeit von Objekten zu quantifizieren, kommt aus der Astronomie. Die Sterne sind für uns so weit weg, dass sie von gewöhnlichen Teleskopen nicht aufgelöst werden können. Damit ist gemeint, dass sie nur als Punkte sichtbar sind, also keine Oberflächenstrukturen offenbaren. Schon bald hatten die ersten Teleskopiker festgestellt, dass die Sterne immer wie ein Scheibchen aussehen, mit manchmal einem oder zwei schwachen Ringen darum. Schnell war klar, dass dies nicht irgendwelche Unterstrukturen der Sterne sind, etwa wie die Ringe des Planeten Saturn, sondern dass dies ein optischer Effekt ist. Und da es auch Doppelsterne gibt, konnte man auch feststellen, dass Teleskope bestimmten Ansprüchen genügen müssen, wenn man diese Doppelsterne als zwei getrennte Punkte auflösen möchte.

Die Erklärung für diese Sternbildchen kam schließlich aus der Wellenoptik. Von dem Licht, das die Sterne aussenden, wird nur ein kleiner kreisförmiger Ausschnitt für die Konstruktion des uns erkennbaren Bildes ausgeschnitten. Das geschieht mit dem Durchmesser der vorderen Linse im Teleskop. Es wirkt also wie eine kreisförmige Blende. Was dabei entsteht, ist ein Beugungsmuster. Man kann so ein Muster berechnen, wenn man annimmt, dass von jedem

Punkt innerhalb der Blende wieder eine Kugelwelle ausgeht, deren Interferenzen dann das Muster entstehen lassen (Huygens'sches Prinzip). Im Gegensatz zu einem Gitter handelt es sich hier um eine zweidimensionale Blende und die Berechnungen werden etwas komplizierter. Dennoch kann man für jede beliebige Blendengeometrie so ein „Beugungsintegral" ausrechnen. Für unseren Fall interessiert nur die kreisförmige Blende: Teleskope und Mikroskope haben üblicherweise einen runden Querschnitt. Die Analogie stimmt allerdings nur dann, wenn man selbstleuchtende Punkte als Objekte im mikroskopischen Präparat annimmt – das ist aber für die moderne Fluoreszenzmikroskopie genau der Fall.

Das kleine Scheibchen mit den Ringen im Mikroskop ist also nichts weiter als das Beugungsmuster eines Punktes (dem wenige Nanometer großen Fluoreszenzmolekül) an einer kreisförmigen Blende (der Pupille des Mikroskop-Objektivs). Die gesamte Intensitätsverteilung im Bild eines Punktes nennt man anschaulich die Punktverwaschungsfunktion (engl. *point spread function*, psf). Man kann für eine kreisförmige Blende die zweidimensionale Verteilung der Helligkeit berechnen (Abb. 1.14):

$$I = I_0 \left(\frac{2 \cdot J_1(r)}{r} \right)^2 . \tag{1.21}$$

I ist die Intensität, also die Helligkeit, abhängig vom Radius r, und I_0 bezeichnet die Intensität an der hellsten Stelle (in der Mitte des Musters). Bei theoretischen Betrachtungen kann man dies auf 1 skalieren. Mit J_1 wird eine etwas unübersichtliche Funktion abgekürzt, die Bessel-Funktion erster Art der ersten Ordnung heißt. Dennoch kann man solche Bessel-Funktionen sogar in handelsüblichen Tabellenprogrammen aufrufen. Probieren Sie das mal aus, es ist gar nicht so kompliziert – man versteht solche Dinge am besten, wenn man etwas damit „herumspielt".

Das Scheibchen in der Mitte wird dem Mathematiker und Astronomen George Biddell Airy zu ehren das Airy-Scheibchen genannt. Airy war der Erste, der die Intensitätsverteilung durch eine kreisförmige Blende berechnet hat. Vom ersten Ring ist es durch eine Nullstelle abgetrennt. Auch die weiteren Ringe folgen immer auf eine Nullstelle. Da die Ringe sehr viel dunkler sind als das Airy-Scheibchen, sieht man meist nur einen oder zwei Ringe.

Man kann aus Gl. 1.21 den Durchmesser des Airy-Scheibchens ausrechnen. Er hängt von der Wellenlänge des verwendeten Lichtes und von der Öffnung NA ab:

$$D = \frac{1{,}21 \cdot \lambda}{\mathrm{NA}} . \tag{1.22}$$

a

b

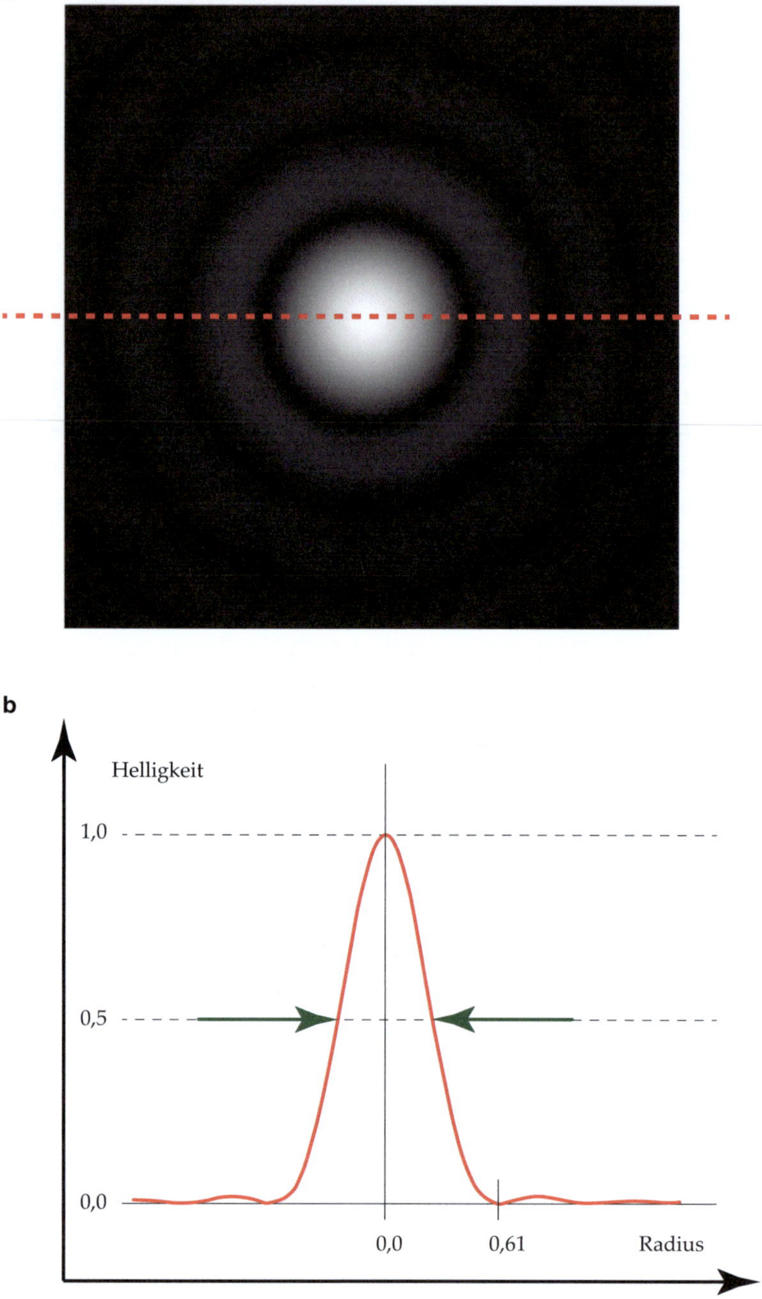

Abb. 1.14 **a** Intensitätsverteilung eines Beugungsmusters, wie es entsteht, wenn ein punktförmiges Objekt Licht aussendet, das von einer kreisförmigen Öffnung aufgenommen wird (vgl. Gl. 1.21). Die Intensitätsverteilung ist hier nicht linear wiedergegeben, da man sonst die Ringe kaum erkennen könnte. Die wirklichen Verhältnisse sind in **b** wiedergegeben. **b** Profil durch die Mitte der Punktverwaschungsfunktion (*rote Linie* bei **a**). Das innere helle Scheibchen (Airy-Scheibchen) ist hier als große zentrale Helligkeitsstruktur erkennbar. Zwischen der inneren Scheibe und dem ersten Ring findet sich eine Nullstelle. Diese erste Nullstelle ist bei 0,61 optischen Einheiten entlang des Radius zu finden. Die weiteren Ringe sind ebenfalls durch Nullstellen abgetrennt. Man erkennt, dass das zentrale Lichtscheibchen vielfach heller ist als das Maximum im ersten Ring (die nachfolgenden sind jeweils noch dunkler). Die beiden *grünen Pfeile* markieren die Position, bei der die Helligkeit auf die Hälfte des Maximalwertes im Zentrum abgefallen ist. Der hier zugehörige Durchmesser wird als Halbwertsbreite (fwhm) bezeichnet

Die Frage ist nun, wie die Beugung die Auflösbarkeit zweier getrennter Punkte einschränkt. Aus der Gl. 1.22 liest man ab, dass die Punktverwaschungsfunktion umso größer wird, je größer die Wellenlänge ist (rotes Licht) und je kleiner die Blende. Für eine gute Trennung braucht man also möglichst kurzwelliges (violettes) Licht und möglichst große Öffnungen (numerische Aperturen, NA). Man kann sich nun zwei Punkte in der Objektebene denken und dazu die Überlagerung der Punktverwaschungsfunktionen ausrechnen (vgl. dazu Abb. 1.15). Weil wir von selbstleuchtenden Objekten ausgegangen sind, ist diese Überlagerung eine simple Addition der Helligkeiten für jeden Bildpunkt. Befinden sich die beiden Lichtpunkte exakt am gleichen Ort, wirkt dies wie ein Punkt mit doppelter Helligkeit: Die Form der Funktion ändert sich nicht, aber die Amplitude verdoppelt sich (blaue Kurve in Abb. 1.15). Auch bei kleinen Abständen hat das Profil der Überlagerung nur ein Maximum, wobei die Form nicht mehr mit der ursprünglichen Funktion übereinstimmt (grüne Kurve in Abb. 1.15). Bei einem bestimmten Abstand d_S sind die Punkte so weit voneinander entfernt, dass aus dem Maximum ein Plateau wird (gelbe Kurve in Abb. 1.15), die Funktion ist über eine gewisse Strecke konstant. Dieser Abstand wird als „Sparrow-Kriterium" bezeichnet, nach C. M. Sparrow, der es „*undulation criterion*" nannte. Wenn der Abstand um einen noch so kleinen Betrag über das Sparrow-Kriterium hinaus vergrößert wird, findet man über den Punkten je ein Maximum und dazwischen ein Minimum. Die Funktion hat nun zwei Berge und ein Tal – sie hat Wellen und „unduliert". Das Sparrow-Limit beschreibt demnach tatsächlich so etwas wie eine Grenze, ab der man nicht nur eine, sondern zwei Strukturen nachweisen kann. Es gibt Kritiker, die behaupten, es sei gerade anders herum: Das Sparrow-Kriterium sei ein Kriterium für „Nichtauflösung", weil es eben den Abstand beschreibt, ab dem zwei Punkte zu einem verschmelzen. Diese Kritik

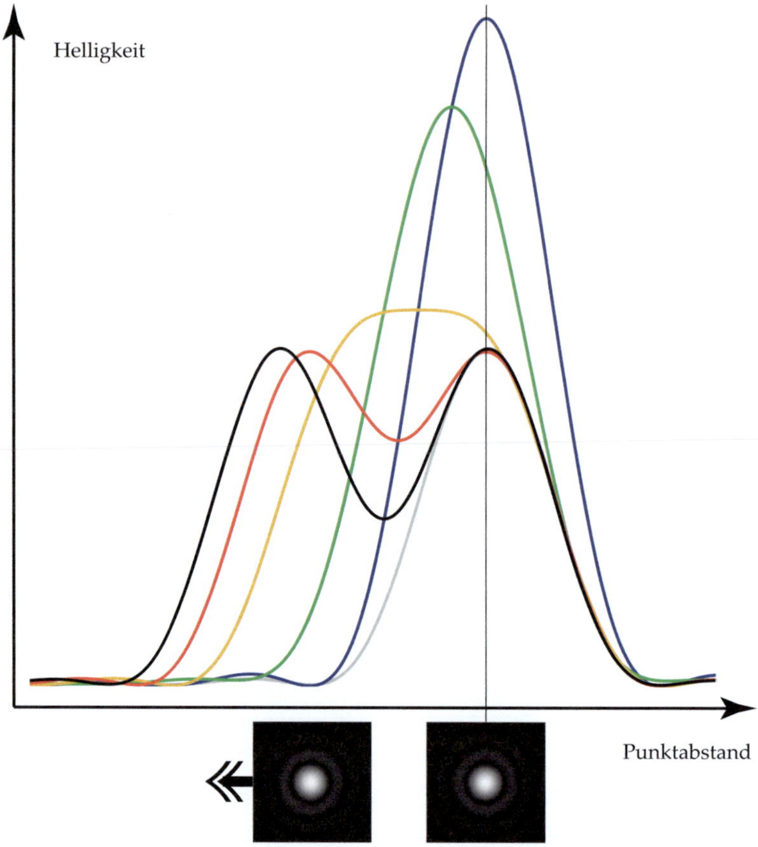

Abb. 1.15 Zwei Punkte werden im Mikroskop als zwei sich überlagernde Beugungsmuster abgebildet. Für verschiedene Abstände der beiden Punkte sind hier die Intensitätsprofile entlang einer *Linie* durch die Mittelpunkte beider Figuren wiedergegeben. Näheres im Text

ist freilich zu kurz gedacht: Eine Grenze, an der aus Auflösung Verschmelzung wird, ist natürlich beides: Grenze für Nichtauflösung und Grenze für Auflösung gleichzeitig. Übrigens ist der Abstand der beiden Punkte für das Sparrow-Kriterium etwa $1/2^*\lambda/NA$, trifft numerisch also fast das Abbe-Limit.

Wenn der Abstand immer weiter vergrößert wird, wird das Minimum immer tiefer. Eine mathematisch einfach zu fassende Situation ist erreicht, wenn der zweite Punkt genau im Abstand der ersten Nullstelle der psf des ersten Punktes zu liegen kommt (rote Kurve in Abb. 1.15). Dieser Abstand d_R wird „Rayleigh-Kriterium" genannt, nach J. W. Strutt, der später Baron Rayleigh hieß. Da die Form symmetrisch ist, liegt $\mathrm{d_R}$ gerade beim halben Durchmesser des Airy-Scheibchens. Nach Gl. 1.22 daher:

$$d_R = \frac{0{,}61 \cdot \lambda}{\mathrm{NA}} = \frac{\lambda}{1{,}64 \cdot \mathrm{NA}}. \tag{1.23}$$

Sind die Punkte noch weiter auseinander, sinkt das Minimum weiter ab. Man könnte sich auch darauf einigen, etwas als „aufgelöst“ zu bezeichnen, wenn das Minimum gerade den halben Wert der beiden Berge hat (schwarze Kurve in Abb. 1.15). Wird der Abstand so groß, dass sich gerade die ersten Nullstellen überlagern, dann wird auch das Minimum zu null werden – auch eine Möglichkeit für ein Auflösungslimit („Schuster-Kriterium“, nach A. Schuster). Wegen der wellenartigen Form der psf liefert die fortgesetzte Vergrößerung des Abstandes immer wieder Maxima und Minima. Es gibt noch weitere Kriterien: So etwa das „Dawes-Kriterium“, nach W. R. Dawes, der einen empirischen Zusammenhang zwischen der Öffnung der Teleskope und der Erkennbarkeit von Doppelsternen gemessen hat.

Alle diese Betrachtungen sind freilich theoretisch: Wir unterstellen, dass sich die beiden Lichtsender genau im Fokus des Mikroskops befinden, dass sie keine Ausdehnung haben und dass das ganze Universum nur diese beiden Punkte enthält. In der Wirklichkeit trifft das natürlich alles nicht zu, aber es ist eine gute Näherung.

1.3.3 Die Halbwertsbreite

In Abschn. 1.3.2 wurden einige Kriterien erwähnt, mit deren Hilfe man versucht, die Auflösung durch die Entfernung zweier Punkte zu beschreiben. Theoretisch ist das ein schöner Ansatz, aber praktisch natürlich nur unter speziellen Bedingungen brauchbar. Man kann ja nicht einfach zwei Punkte in die Hand nehmen und sie dann – ohne sie aus dem Fokus zu verlieren – nanometerweise auseinanderziehen. Allenfalls lassen sich *a priori* bekannte Distanzen mit einem leuchtenden Marker versehen, um dann aus dem Intensitätsprofil etwas über die Trennung dieser beiden Punkte abzuleiten. Ein hübsches Beispiel für solche „Distanzsonden“ sind beispielsweise Origami-DNAs. Das sind molekulare Strukturen, die sich selbstständig dreidimensional falten und die man nur nach Wunsch an bestimmten Stellen mit einem Fluoreszenzmolekül anfärben muss. Nach der Faltung haben die Marker dann eine Entfernung voneinander, die recht genau reproduzierbar ist.

Da das Bild eines Punktes durch die psf vollständig beschrieben wird, steckt in der Überlagerung zweier psf aber außer diesem Abstand keine neue Information. Man kann deshalb auch versuchen, eine bestimmte Eigenschaft der psf selbst zu finden, die als ein Kriterium für Auflösung gelten kann. Ein guter

Parameter für diesen Zweck ist die Breite der psf auf halber Höhe des Helligkeitsfingers. Dieser Wert d_H wird „Halbwertsbreite" genannt (Abb. 1.14b), und man kann ihn ausrechnen:

$$d_H = \frac{0{,}515 \cdot \lambda}{\mathrm{NA}} = \frac{\lambda}{1{,}94 \cdot \mathrm{NA}}. \tag{1.24}$$

Dass hier der Wert „0,515" auftaucht, hat nichts mit dem halben Wert zu tun, es ist eine zufällige Koinzidenz. Die Halbwertsbreite hat den großen praktischen Vorteil, dass sich dieser Wert in Bildern direkt messen lässt. Man sucht sich dazu im Bild eine möglichst feine Struktur, von der man vermutet, dass sie an der Auflösungsgrenze liege. Wenn es sich um einen Punkt handelt, kann man einfach die Helligkeitsverteilung über eine Linie ausmessen, die durch die Mitte des Punktes geht. Moderne digitale Mikroskope bieten eine solche Funktion üblicherweise an. Bei einer fadenförmigen Struktur legt man die Messlinie senkrecht zum Verlauf der Struktur.

Die so gemessenen Halbwertsbreiten geben ein Mindestmaß für die Auflösungskraft des verwendeten Mikroskops an. Viele Parameter überdecken die optische Auflösungskraft eines Gerätes. Meist sind das Eigenschaften im Präparat. Ein wie ein Punkt aussehender Lichtfleck könnte beispielsweise durch zwei nahe beieinander liegende Lichtsender verursacht sein. Oder die Einbettung hat nicht den korrekten Brechungswert. Oder der Punkt liegt in der Tiefe eines Gewebeschnittes, wodurch das ausgesendete Licht vielfach weiter gebeugt wird und die Messung beeinträchtigt. Dennoch liefert die Halbwertsbreite eine gute untere Grenze für das Auflösungslimit: Es kann nur noch besser sein! Will man ein Gerät auf die Grenzen seines Auflösungsvermögens hin überprüfen, muss man sehr sorgfältig entsprechende Messpräparate herstellen.

1.3.4 Was ist nun richtig?

Für die Betrachtung zweier Punkte gibt es also kein Naturgesetz, das bestimmt, ab wann diese beiden Punkte als getrennt zu bezeichnen sind. Tatsächlich ist es sogar möglich, aus der Form der Überlagerung von zwei sehr nahe beieinander liegenden Punktverwaschungsfunktionen deren Abstand zu bestimmen, auch wenn nur ein Maximum zu sehen ist. Die Definition einer optischen Auflösung ist also eine Frage der Konvention. Wir haben drei häufig verwendete Konventionen beschrieben: die Abbe-Formel, das Rayleigh-Kriterium und die Halbwertsbreite:

$$d_A = \frac{\lambda}{2 \cdot \mathrm{NA}}, \quad d_R = \frac{\lambda}{1{,}64 \cdot \mathrm{NA}}, \quad d_H = \frac{\lambda}{1{,}94 \cdot \mathrm{NA}}. \tag{1.25}$$

Man könnte jetzt auch alle drei zu einem Mittelwert verarbeiten und die Auflösungsgrenze so definieren:

$$d_K = \frac{\lambda}{1{,}86 \cdot \mathrm{NA}}. \tag{1.26}$$

Zugegeben: Das ist ein Kalauer und kann nicht ernstlich erwogen werden. Hinzu kommt, dass hier Punkt- und Linienbilder, beleuchtete und selbstleuchtende Strukturen vermischt werden. Aus praktischen Gründen, weil damit sehr einfach zu rechnen ist, nimmt man einfach die halbe Wellenlänge im Verhältnis zur numerischen Apertur. Darum ist die Abbe-Formel eine praktische Beschreibung der beugungsbegrenzten Auflösung d von Lichtmikroskopen:

$$d = \frac{\lambda}{2 \cdot \mathrm{NA}}. \tag{1.27}$$

Und wenn man dies in einem tatsächlich aufgenommenen mikroskopischen Bild abschätzen möchte, kann man das durch die einfache und schnelle Messung der Halbwertsbreite feiner Strukturen bewerkstelligen.

1.4 Jenseits der Auflösungsgrenzen

Wie bereits erwähnt, hatte schon Ernst Abbe festgestellt, „dass die Unterscheidungsgrenze doch niemals über den Betrag der halben Wellenlänge des blauen Lichts um ein Nennenswerthes hinausgehen wird“ (Abschn. 1.3.1). Dabei sprach er von der optischen Mikroskopie, wie sie eben Ende des 19. Jahrhunderts bekannt war. Weil diese Unterscheidungsgrenze proportional zur Wellenlänge des Lichtes ist, sind bald Versuche mit kürzerwelligen Strahlen unternommen worden. Das begann zunächst mit ultraviolettem Licht. Dabei stellen sich den Technikern aber signifikante Schwierigkeiten in den Weg. Bei kürzeren Wellenlängen wird es immer schwieriger, brauchbare Gläser zu finden, die noch durchsichtig genug sind, um damit Lichtmikroskopie zu betreiben. Auch die Dispersion, also die Brechungsunterschiede in Abhängigkeit von der Wellenlänge, wird immer steiler und schwieriger zu korrigieren. Hinzu kommt, dass passende Lichtquellen immer aufwendiger zu fertigen sind. Bei sehr kurzen Wellenlängen – unterhalb 200 nm – absorbiert Luft das sichtbare Licht und man muss die Geräte in Vakuum „einpacken“, um noch hinreichende Helligkeiten zu bekommen.

An das Vakuum-UV schließt sich die Röntgenstrahlung an, und auch hier wurden und werden Versuche unternommen, hochauflösende Mikroskopie zu betreiben. Dabei wird der gerätetechnische Aufwand immer größer: Eine gute kontinuierliche Röntgenquelle ist beispielsweise ein Synchrotron, das man sich nicht einfach so ins Zellbiologie-Labor stellen kann.

Nachdem A. Einstein die Äquivalenz von Masse und Energie postuliert und L. V. R. de Broglie seine Hypothesen zu Materiewellen veröffentlicht hatte, war es schnell klar, dass man leicht verfügbare Teilchen, nämlich Elektronen, als abbildendes Medium nutzen konnte. Die Wellenlänge von Elektronen ist abhängig von der Beschleunigungsspannung und liegt mehrere Größenordnungen unter 1 nm. Ein erstes Elektronenmikroskop wurde von E. Ruska und M. Knoll 1931 in Betrieb genommen. Heute werden mit Elektronenmikroskopen Auflösungen bis etwa 0,1 nm erreicht, also 2000-fach besser als mit optischen Mikroskopen. Da die Proben ganz anders präpariert werden müssen und man nur wenig Freiheiten für spezifische Markierungen hat, wurde das Lichtmikroskop nicht durch das Elektronenmikroskop aus der Forschung verdrängt. Auch lassen sich lebende Präparate in der Regel nicht mit Elektronenmikroskopen untersuchen. Dagegen hat sich die Korrelation zwischen lichtmikroskopischen und elektronenmikroskopischen Bildern als eine eigenständige Technik entwickelt (CLEM: *correlative light-electron microscopy*).

Außer der Wellenlänge ist noch die numerische Apertur ein Freiheitsgrad, den man nutzen wollte, um höhere Auflösungen mit Lichtmikroskopen zu erzielen. Je größer die NA, desto besser die Auflösung, wie das ja aus der Gl. 1.27 ersichtlich ist. Die NA hängt linear von der Brechzahl des Mediums ab, in dem sich das Objekt befindet. Die Brechzahl des Mediums zwischen Präparat und Frontlinse sollte möglichst mit der Brechzahl des Präparates übereinstimmen. Das erreicht man durch sogenannte Immersionen: Man verbindet das Deckglas des Präparates mit der Frontlinse durch einen Tropfen Flüssigkeit. Je höher die Brechzahl dieser Flüssigkeit, desto größer wird die Aussicht auf bessere Auflösung. Wasserimmersionen ($n = 1{,}33$) sind heute Standard in der Mikroskopie lebender Zellen oder Gewebe. Ölimmersionen ($n = 1{,}52$) werden allgemein eingesetzt, wenn hohe Auflösungen erwünscht sind. Damit kann man Aperturen bis etwas über 1,4 erreichen – und damit die Auflösung um etwa 50 % verbessern. Es gab auch Versuche, noch höhere Immersionen zu verwenden. Allerdings haben sich solche Verfahren in der Praxis nicht durchgesetzt, da die verwendeten halogenierten Kohlenwasserstoffe sehr giftig sind und Aperturen von etwa 1,7 nicht überschritten werden konnten.

Also keine höhere Auflösung mit einem Lichtmikroskop? Lange Zeit war das ein unumstößliches Dogma: Die Auflösung des Lichtmikroskops ist durch die Beugung des Lichtes auf etwa 200 nm begrenzt – beugungsbegrenzte Auflösung (*diffraction limited resolution*). Moderne Techniken, etwa Dekonvolution, konfokale Mikroskopie, strukturierte Beleuchtung und andere, haben dann diese Grenze (Gl. 1.27) etwas aufgeweicht, indem man die Auflösung etwa um einen Faktor 2 verbessern konnte. Dadurch können Bilder mit einer Auflösung erzeugt werden, die höher ist als beugungsbegrenzt und die daher Super-Auflösung genannt wurde. Die erwähnten Verfahren lassen zwar eine höhere Auflösung zu, aber keine beliebig hohe. Es sind deshalb Verfahren mit begrenzter Super-Auflösung (*limited super-resolution*). Seit 1995 und dem Konzept der STED-Mikroskopie von S. W. Hell gibt es keine beugungsbedingte Auflösungsgrenze mehr, theoretisch ist eine unendlich hohe Auflösung möglich. Auch die später entwickelte Lokalisierungsmikroskopie lässt theoretisch beliebige Detailgenauigkeit zu. In diesen beiden Ansätzen wird unbegrenzte Super-Auflösung verwirklicht (*infinite super-resolution*).

Literatur

1828 Herschel JFW: On the theory of light. Transactions Treatises on Physical Astronomy, Light and Sound contributed to the Encyclopedia Metropolitana. *(Erste Spekulation zu Beugungsmustern im Teleskop)*

1835 Airy GB: On the Diffraction of an Object-glass with Circular Aperture. Transactions of the Cambridge Philosophical Society 5;283–291. *(Berechnung der Beugungsfigur für runde Aperturen)*

1873 Abbe EK: Beiträge zur Theorie des Mikroskops und der mikroskopischen Wahrnehmung. Archiv für Mikroskopische Anatomie 9(1):413–468. *(Narrative Herleitung der beugungsbegrenzten mikroskopischen Auflösung)*

1882 Dippel L: Handbuch zur Allgemeinen Mikroskopie. Verlag Friedrich Viehweg und Sohn, Braunschweig. *(Umfassende Lektüre zur Mikroskopie unter Einbeziehung der Abbe'schen Theorie, der Autor erwähnt explizit die persönliche Unterstützung durch E. Abbe)*

1896 Rayleigh JW: On the theory of optical images, with special reference to the microscope. Philos Mag Ser 5 42(255):167–195. *(Diskussion der Auflösung von einzelnen Punkten)*

1973 Beyer H (Hrsg): Handbuch der Mikroskopie. VEB Verlag Technik, Berlin. *(Sehr ausführliches Standardwerk zur Mikroskopie bis zum Stand seiner Veröffentlichung)*

1985 Gerlach D: Das Lichtmikroskop. Thieme Verlag, Stuttgart. *(Ein Lehrbuch für Mediziner und Biologen)*

2001 Hecht E: Optik. Oldenbourg Verlag, Wien. *(Ein umfassendes Lehrbuch über die gesamte Optik)*

2010 Kremer BP: Das große Kosmos-Buch der Mikroskopie. Kosmos Verlag, Stuttgart. *(Ein Kochbuch für interessierte Hobby-Mikroskopiker)*

2012 Lauterbach MA: Finding, defining and breaking the diffraction barrier in microscopy – a historical perspective. Optical Nanoscopy 1:8. *(Historische Führung durch die Diskussion um Auflösung und Super-Auflösung)*

2014 Haus J: Optische Mikroskopie: Funktionsweise und Kontrastierverfahren. Wiley VCH, Weinheim. *(Mikroskopie im Allgemeinen)*

2015 Mulisch M, Welsch U (Hrsg): Romeis – Mikroskopische Technik. Springer Verlag, Heidelberg. *(„Rezeptesammlung" zu vielerlei Präparations- und Darstellungsverfahren im Mikroskop. Insbesondere für Mediziner)*

2015 Borlinghaus RT: Unbegrenzte Lichtmikroskopie – Über Auflösung und Super-Hochauflösung und die Frage, ob man Moleküle sehen kann. Reihe „Essentials". Springer Spektrum, Wiesbaden. *(Kurze verständliche Erläuterung zur Definition von Auflösung und Super-Auflösung)*

2 Fluoreszenz

Die konfokale Mikroskopie wurde deshalb eine so erfolgreiche Technik, weil sie insbesondere in der Fluoreszenzmikroskopie eine ganz neue Dimension dem Beobachter zugänglich gemacht hat: nämlich die dritte Dimension. Darum soll hier das Phänomen der Fluoreszenz ausreichend Raum finden, da nicht nur die konfokale Mikroskopie, sondern auch die modernen Super-Hochauflösungsverfahren auf dieser Erscheinung aufbauen.

2.1 Was ist Fluoreszenz?

Erste Beschreibungen von Fluoreszenz kennt man aus der Pflanzenwelt und von Mineralien. Zerreibungen stark chlorophyllhaltiger Blätter, wie sie zu pharmazeutischen Zwecken hergestellt werden, zeigen bei starkem Licht am Rand des Glasgefäßes eine rote Färbung. Auch Chininlösung – bekannt als „Tonic Water" – ist in der Durchsicht farblos, bekommt in heller Sonne aber einen blau-grünlichen Schimmer. Manche Flussspat-Sorten leuchten farbig, wenn man sie mit UV-Licht bestrahlt; die Farbe wird dabei durch die Verunreinigungen bestimmt. Besonders spektakuläre Fluoreszenz kann man an Uranylmineralien beobachten (Abb. 2.1).

Systematisch untersucht wurden diese Erscheinungen erstmals durch G. G. Stokes, der dafür das Wort „Fluoreszenz" eingeführt hat. Es ist zusammengesetzt aus *fluorspar* (Flussspat) und *luminescence* (Leuchten). Stokes fand heraus, dass die Leuchterscheinungen immer mit einer Verschiebung der Wellenlänge einhergehen. UV-Strahlung wird zu blau, gelb oder grün, blaues Licht zu grün oder rot verschoben. Diese Änderung der Farbe nach längeren Wellenlängen (Rotverschiebung) wird daher „Stokes-Verschiebung" genannt. Wie kommt so etwas zustande?

2.1.1 Der Fluoreszenz-Prozess

Licht kann auf unterschiedliche Weise mit Materie wechselwirken. Zwei dieser Wechselwirkungen, nämlich die Absorption und die spontane Emission spielen bei der Fluoreszenz eine Rolle. Wenn bei Bestrahlung mit Licht die

R. T. Borlinghaus, *Konfokale Mikroskopie in Weiß*, DOI 10.1007/978-3-662-49359-5_2

Abb. 2.1 Autunit, ein fluoreszierender Uranglimmer, $Ca[UO_2|PO_4]_2 \cdot 10\ H_2O$, hier ein Stück aus Portugal. **a** Aufnahme bei Tageslicht, **b** Beleuchtung mit einer „Schwarzlichtglühlampe" und Aufnahme durch einen gelben Langpassfilter. Die Autunitkristalle leuchten aufgrund der UV-angeregten Fluoreszenz hell gelblich-grün

Photonen von den Elektronen eines Atoms oder Moleküls eingefangen werden, gehen diese Elektronensysteme in einen höheren Energiezustand über. Die Energiedifferenz entspricht genau der Energie des absorbierten Photons. Da es nur diskrete Energiezustände für die Elektronen gibt, muss das Licht Photonen mit passender Energie enthalten. Daher kommt es, dass Flussspat bei UV-Bestrahlung – also mit Photonen hoher Energie – leuchtet, aber nicht bei Bestrahlung mit blauem oder grünem Licht.

Im Jablonski-Diagramm in Abb. 2.2 werden die Energiezustände durch Abstände in der Vertikalen dargestellt. Sinnbildlich wird bei Absorption das Elektron auf ein höheres Energieniveau gehoben, etwa so, wie man einen Stein vom Boden auf einen Tisch hebt. Auch hier hat der Stein am Ende ja mehr Energie als vorher. Vor der Absorption befinden sich die Moleküle im Grundzustand (*G*). Durch die Absorption gehen sie in einen angeregten Zustand (*A*) über. Wie man in der Zeichnung sieht, gibt es jeweils eine ganze Serie von Grundzuständen und angeregten Zuständen. Das hängt mit den Schwingungen der Atome in den Molekülen zusammen: Die Atome können allerlei Formen von Schwingungen gegeneinander ausführen, und auch dazu muss jeweils spezifisch viel Energie aufgenommen werden. Die Energiepakete – die Quanten – sind aber viel kleiner (deshalb sind diese Schwingungszustände so nahe beieinander). Schwingungsanregungen findet man typischerweise im infraroten Bereich (Wärmeschwingungen). Bei Raumtemperatur befinden sich die allermeisten Moleküle im untersten der Schwingungszustände. Die CARS-Mikroskopie (CARS: coherent anti-Stokes Raman scattering) nutzt diese thermischen Schwingungszustände, um Bilder zu erzeugen, die nur von Molekülen mit genau vorgegebenen Schwingungsenergien stammen.

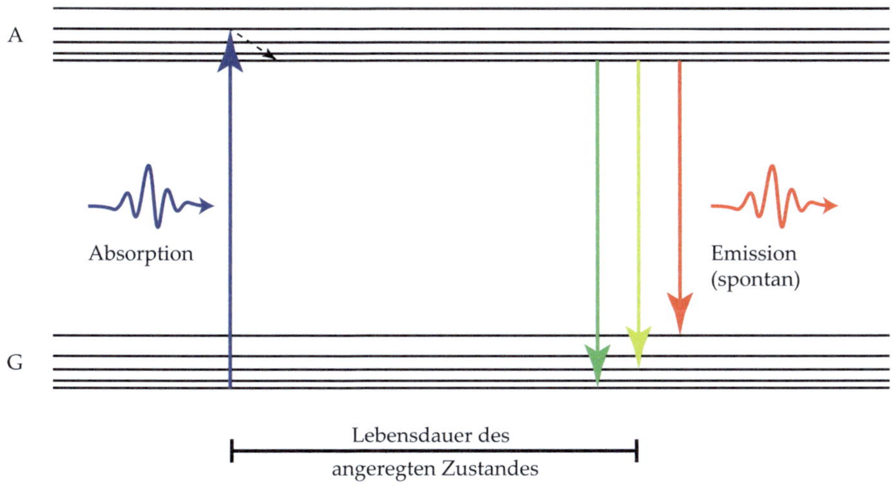

Abb. 2.2 Energieschema einer fluoreszierenden Spezies. Durch Absorption eines *blauen* Photons wird das Elektronensystem aus dem Grundzustand *G* in den angeregten Zustand *A* gehoben. Beide Zustände haben mehrere Unterzustände, die mit den Wärmebewegungen der Atome im Kristall oder im Molekül korrelieren. Wird das Molekül in einen der höheren Unterzustände angeregt, fällt es sehr schnell in den tiefsten Unterzustand von *A* und gibt dabei etwas Energie in Form von Wärme ab. Nach einiger Zeit nimmt das Molekül einen der Grundzustände an, wobei die Energiedifferenz in Form von Licht abgegeben wird. Da ein Teil schon als Wärme abgegeben wurde, haben die emittierten Photonen immer eine kleinere Energie als die absorbierten. Da es verschiedene Unterzustände gibt, in die sie zurückfallen können, ist die Energie bei jedem Ereignis unterschiedlich. Man erhält deshalb ein Emissionsspektrum

Kommt nun ein passendes Photon dem Molekül ausreichend nahe (im Beispiel: blaues Licht), wird das Photon absorbiert und das Molekül in einen der Schwingungszustände des angeregten Zustandes angehoben (blauer Pfeil in Abb. 2.2), dann sickert das Molekül schnell in den untersten Schwingungszustand (gestrichelter Pfeil) und gibt dabei Wärme ab.

Nach einer gewissen Zeit im angeregten Zustand wird die Energie in Form eines Photons wieder abgegeben, und das Molekül nimmt wieder den Grundzustand ein. Der Stein fällt vom Tisch. Dieser Übergang (grüner, gelber und roter Pfeil in Abb. 2.2) kann in irgendeinen der Schwingungszustände des Grundzustandes erfolgen. So wie hier beschrieben, spricht man von „spontaner Emission". Es gibt alternativ noch die „stimulierte Emission", die bei Lasern und bei der STED-Mikroskopie (STED: stimulated emission depletion) eine zentrale Rolle spielt. Nach der Emission sickert auch hier der Zustand wieder in den tiefsten der Schwingungsserie.

2.1.2 Farbenspiele

Die Schwingungszustände in den üblichen Fluoreszenzmolekülen weisen eine sehr dichte Folge von Energieniveaus auf. Deshalb ist die Emission nicht eine Schar von einzelnen Linien, sondern mehr oder weniger kontinuierlich. Die Wahrscheinlichkeit, dass ein bestimmter Unterzustand erreicht wird, ist quantenmechanisch festgelegt und nicht für alle Unterzustände gleich. Aus diesem Grund ist die Farbe des emittierten Lichtes durch ein Emissionsspektrum zu beschreiben, das die Intensität in Abhängigkeit von der Wellenlänge anzeigt (Abb. 2.3). Sehr typisch sind ein etwas steilerer Anstieg auf der „blauen Seite" und eine weniger steile Abnahme im roten Bereich (es gibt natürlich auch Spektren, die völlig anders aussehen).

Auf eine kurzwellige Anregung (im Beispiel: blau) erfolgt eine längerwellige Emission (im Beispiel: grün, gelb, rot). Durch das breite Band der möglichen Schwingungszustände in *A* können unterschiedliche Farben zur Anregung benutzt werden, solange die Photonen eine passende Energie besitzen. Das Farbband, das zur Anregung geeignet ist, ist das Anregungsspektrum (Abb. 2.4). Je wahrscheinlicher die Absorption einer bestimmten Farbe, desto höher ist hier der Wert im Anregungsspektrum. Auch die Emission kann in verschiede-

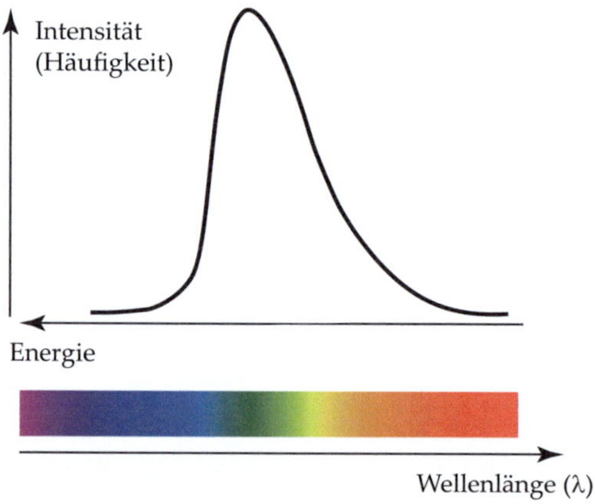

Abb. 2.3 Idealisiertes Emissionsspektrum. Die Anteile der verschiedenen Farben werden durch die Wahrscheinlichkeit eines Übergangs in einen der Unterzustände des Grundzustandes beschrieben. Diese Wahrscheinlichkeit ist eine Eigenschaft des fluoreszierenden Moleküls und quantenmechanisch festgelegt, kann aber durch die molekulare Umgebung beeinflusst werden. In diesem Beispiel ist die Emission von Photonen mit einer Energie sehr häufig, die einer Wellenlänge von etwa 500 nm entspricht. Die Emission wird daher grünlich erscheinen, da dieser Farbanteil am intensivsten ist. Nach Einstein ist die Energie *E* eines Photons proportional zur Frequenz und damit umgekehrt proportional zur Wellenlänge. So kommt es, dass in üblichen Spektren von links nach rechts die Energie abnimmt

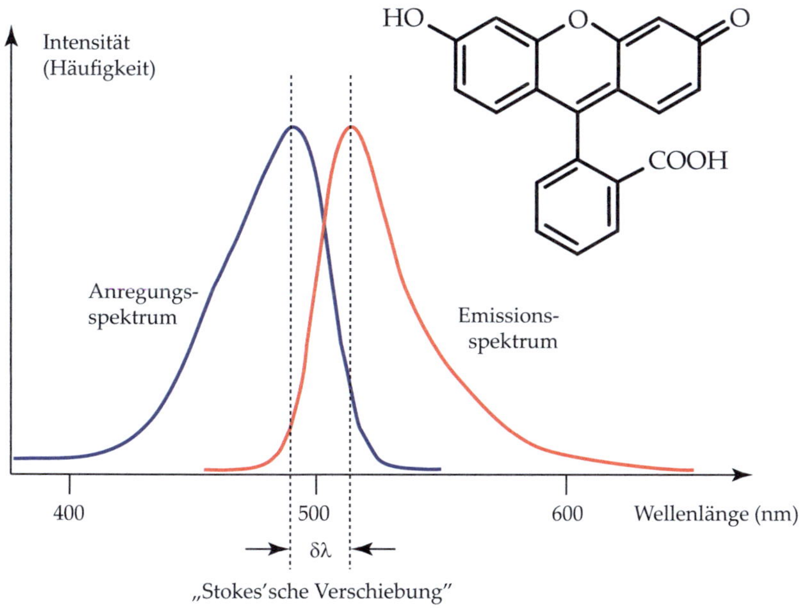

Abb. 2.4 Anregungsspektrum (*blaue Kurve*) und Emissionsspektrum (*rote Kurve*) des Farbstoffes Fluorescein (*Strukturformel*). Das Anregungsspektrum beschreibt die Wahrscheinlichkeit für die Absorption eines Photons in Abhängigkeit von dessen Energie (Farbe). Das Emissionsspektrum die Wahrscheinlichkeit, welche Energie subsequent abgestrahlt wird. Der Abstand der beiden Maxima wird als Stokes'sche Verschiebung bezeichnet

ne Schwingungszustände münden, das wird im Emissionsspektrum sichtbar. Die Werte im Emissionsspektrum entsprechen der relativen Helligkeit der abgestrahlten Farbe. Die schon erwähnte Stokes-Verschiebung beschreibt den Abstand der beiden Maxima.

Reiner Flussspat ist durchsichtig und fluoresziert nicht. Es sind Verunreinigungen, die anregbare Elektronenzustände bewirken. Wir verstehen jetzt, was in diesen Kristallen geschieht: Nach der Anregung mit dem für uns nicht sichtbaren UV-Licht senden die durch Verunreinigungen entstandenen Stellen sichtbares Licht aus. Im Tonic-Water ist es das Chinin, das UV-Licht absorbiert und gelb-grünes Licht aussendet. Das pflanzliche Chlorophyll absorbiert blaues Licht und fluoresziert tiefrot. Es hat also eine sehr große Stokes-Verschiebung.

2.1.3 Lebensdauern

Die Zeitspanne, die das Molekül im angeregten Zustand verbleibt, ist nicht vorhersagbar. Allerdings kann man eine typische Zeit angeben, so wie die

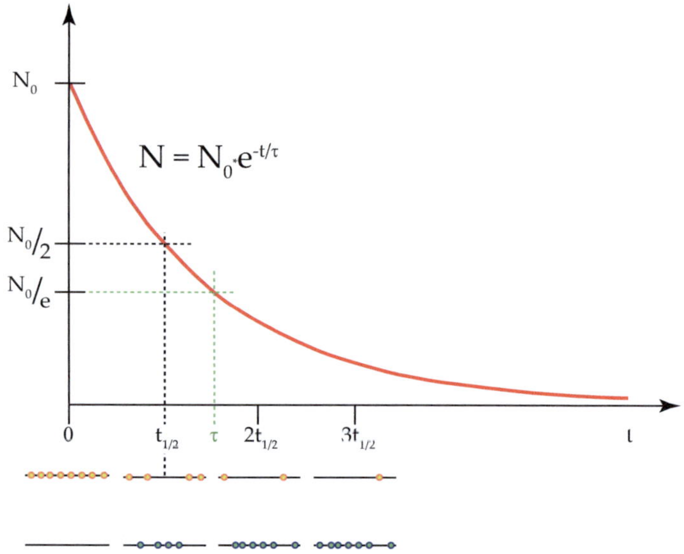

Abb. 2.5 Exponentieller Zerfall angeregter Fluoreszenzmoleküle (*rote Kurve*). Die Fluoreszenz-Lebenszeit τ ist die charakteristische Zeit, mit der die verbliebene Anzahl der angeregten Zustände N nach einer anfänglichen Anregung eines Ensembles von N_0 Molekülen beschrieben wird. Dieser Zerfall ist vergleichbar mit radioaktivem Zerfall. Die Halbwertszeit $t_{1/2}$ ist mit τ über die Beziehung $t_{1/2} = \tau \cdot \ln(2)$ verknüpft. Ein Beispiel mit $N_0 = 8$ ist unter dem Graphen skizziert

Halbwertszeit bei radioaktiven Substanzen. Diese mittlere Lebensdauer des angeregten Zustandes wird etwas lax als „Fluoreszenz-Lebensdauer" bezeichnet (Abb. 2.5). Man kann diese Lebensdauern messen und hat damit neben den spektralen Eigenschaften noch einen weiteren Parameter, mit dem man fluoreszierende Farbstoffe („Fluorochrome") charakterisieren kann. Die mittlere Lebenszeit hängt stark von der molekularen Umgebung des fluoreszierenden Stoffes ab, deshalb kann man aus Veränderungen der mittleren Lebenszeit auch auf solche Umgebungsparameter schließen. Es sind sogar Systeme entwickelt worden, bei denen ein Fluorochrom mit geeigneten anderen Molekülgruppen chemisch verbunden wurde, sodass eine Änderung beispielsweise einer Metabolitenkonzentration zu lokalen Änderungen der Umgebung des Fluorochroms führt und aus dessen Helligkeitsänderung dann auf die Konzentrationsänderungen des Metaboliten geschlossen werden kann. Misst man die Lebensdauern für jedes Bildelement, dann erhält man ein Lebenszeit-Bild (FLIM: *fluorescence lifetime imaging*). Weiter kann man auch in der STED-Mikroskopie durch Filterung der Lebenszeiten die Auflösung steuern, da die Intensität des Lichtes für die stimulierte Emission ja direkt die mittlere Lebenszeit beeinflusst.

Fluoreszenz ist in der Natur weit verbreitet, wegen der geringen Intensität fällt sie uns aber meist nicht auf.

2.2 Mikroskopie mit Fluoreszenz

Eine Verbindung der Fluoreszenzphänomene mit der Mikroskopie wurde Anfang des 20. Jahrhunderts durch A. Köhler angestoßen, der sich auch mit der fotografischen Dokumentation und mit Beleuchtungskonzepten im Mikroskop ausführlich auseinandergesetzt hat. Zunächst kam nur ultraviolettes Licht zur Anregung zum Einsatz, weshalb auch heute noch gelegentlich von „UV-Beleuchtung" gesprochen wird, wenn Beleuchtungseinrichtungen zur Fluoreszenz gemeint sind. UV-Anregung macht aber nur noch einen geringen Teil der Praxis aus, und der Trend geht eher zur infraroten Seite des Spektrums. Das hängt einerseits damit zusammen, dass Optik für kürzere Wellenlängen sehr viel schwieriger und komplexer und damit auch teurer ist, und andererseits damit, dass bei längeren Wellenlängen die Streuung im Präparat schnell abnimmt. Mit „roterem" Licht wird es also möglich, viel tiefer in inhomogene Präparate hineinzuschauen, das Präparat ist hier durchsichtiger. Aus ähnlichen Gründen betreibt man Infrarot-Astronomie, um durch Staubwolken hindurch etwa in das Zentrum unseres Milchstraßensystems zu schauen.

Die Intensität der Fluoreszenzemission ist in der Regel sehr viel schwächer als die des anregenden Lichtes. Typischerweise wenigstens um ein Zehntausendfaches. Deshalb muss bei der Trennung des Fluoreszenzlichtes vom Anregungslicht viel Aufwand betrieben werden, um ein Fluoreszenzbild ohne hellen Hintergrund zu erhalten. Zudem möchte man Schäden am Sensor (Kamera, Photonenvervielfacher, Auge) natürlich vermeiden. Dazu dienen Emissionsfilter. Sie helfen auch bei Mehrfachfluoreszenzfärbungen die Trennung der einzelnen Kanäle zu verbessern. Weitere Bestandteile des Fluoreszenzmikroskops sind Farbteiler für die Auflichtmikroskopie und Anregungsfilter. Letztere sorgen dafür, dass nur Licht im Bereich der Absorption auf das Präparat fallen kann. Alle diese Bauteile werden in den folgenden Abschnitten etwas näher beschrieben. Für die weiße Konfokalmikroskopie sind dort stufenlos einstellbare Elemente eingeführt worden, denen jeweils ein eigener Abschnitt gewidmet ist.

2.2.1 Leistungsverhältnisse von Anregungslicht und Emissionslicht.

In der täglichen Praxis wird oft über mäßige Qualität von Fluoreszenzmessungen geklagt, insbesondere, wenn es sich um Bilder handelt. Daher werden in Werbebroschüren vorzugsweise sehr helle Beispiele abgebildet – das gilt natürlich auch für die Abb. 2.1 in diesem Buch! Manche Geräte nutzen moderne Bildverarbeitungssoftware, um ein mäßiges Bild dennoch vorzeigbar zu machen. In digitalen Kameras ist das heute kaum noch zu unterbinden und geschieht oft ohne Wissen und Einflussnahme des Benutzers. Im wissenschaftlichen Zusammenhang sind solche Verfälschungen durch Weichzeichnung und Interpolation natürlich völlig unangemessen, denn eine quantitative Auswertung der Intensitäten ist nach solchen Manipulationen in der Regel nicht mehr sinnvoll möglich. Es darf also ruhig etwas rauschen. Um ein Gefühl für die wirklichen Lichtverhältnisse zu bekommen, wollen wir ein Beispiel explizit vorführen, dann wird klar, dass eine Menge Technologie benötigt wird, wenn man – ohne verfälschende Rechenverfahren – ein brauchbares Bild erzeugen möchte.

Wir wählen einen klassischen Fluoreszenzfarbstoff, beispielsweise Fluoreszein (Abb. 2.4). Der Einfachheit halber betrachten wir die Situation in einem konfokalen Mikroskop (Details hierzu folgen im Kap. 3). Was uns interessiert, ist die Intensität der Fluoreszenz, die wir aus dem konfokalen Volumen erhalten, wenn dieses von einer typischen Lichtmenge durchstrahlt wird.

Um diese Intensität auszurechnen, benutzen wir das Lambert-Beer'sche Gesetz (Abb. 2.6) zur Absorption E:

$$E_\lambda = \lg\left(\frac{I_0}{I_1}\right) = \varepsilon_\lambda c d. \tag{2.1}$$

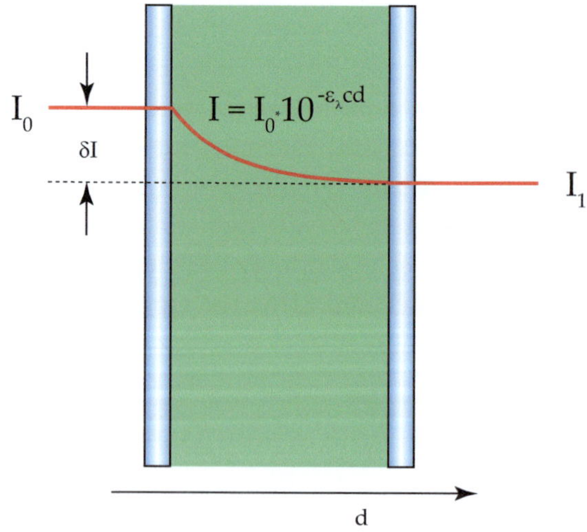

Abb. 2.6 Intensitätsabnahme des Anregungslichtes beim Durchgang durch ein absorbierendes Medium. Die Intensität sinkt exponentiell ab. Hier ist die Absorption sehr hoch gewählt. In vielen praktischen Situationen, bei sehr kleinen Konzentrationen, kann man die Abnahme linear annähern

Hier wird die eingestrahlte Intensität I_0 ins Verhältnis gesetzt zur „durchgegangenen“ Intensität I_1 auf der anderen Seite der Messstrecke. Durch Absorption im Präparat ist I_1 kleiner als I_0, und die Differenz entspricht der Energie, die durch Anregung der Moleküle im Lichtweg abgezogen wird. Man findet, dass I_1 exponentiell abnimmt mit der Konzentration c der absorbierenden Spezies und der Schichtdicke d. Die Proportionalitätskonstante ε_λ ist abhängig von der Wellenlänge λ und eine Eigenschaft des absorbierenden Stoffes. Aus historischen Gründen sind die Absorptionskoeffizienten (auch: Extinktionskoeffizienten) meist für den dekadischen Logarithmus und für eine Schichtdicke von 1 cm tabelliert. In grober Näherung liegt der Extinktionskoeffizient für Fluoreszein an seinem Absorptionsmaximum 485 nm bei $10^5\,\ell \cdot \mathrm{cm}^{-1} \cdot \mathrm{mol}^{-1}$. Als Konzentration wählen wir eine einmikromolare Lösung (10^{-6} Mol ℓ^{-1}), das ist eine typische Situation. Die Schichtdicke d in einem konfokalen Mikroskop können wir näherungsweise mit einem Mikrometer veranschlagen, das sind 10^{-4} cm und entspricht etwa der Ausdehnung der psf in z-Richtung. So bekommen wir für den Term $\varepsilon_\lambda cd$ den Wert $10^5 \cdot 10^{-6} \cdot 10^{-4} = 10^{-5}$. Das Lambert-Beer'sche Gesetz lässt sich umschreiben zu:

$$I_1 = I_0 \cdot 10^{-\varepsilon_\lambda} cd. \tag{2.2}$$

Daraus erhält man die Differenz der ein- und ausgestrahlten Intensität:

$$\Delta = I_0 - I_1 \tag{2.3}$$

$$= I_0 \left(1 - 10^{-\varepsilon_\lambda cd}\right). \tag{2.4}$$

Und wenn wir die bekannten Zahlen von oben einsetzen, erhalten wir sofort:

$$\frac{\Delta}{I_0} = 2{,}303 \cdot 10^{-5}. \tag{2.5}$$

Das Intensitätsverhältnis liegt sehr nahe bei 1, die Intensitäten unterscheiden sich fast nicht. Das Licht wird demnach fast nicht abgeschwächt, weil die Absorption Δ so gering ausfällt. Dieses „fast“ liegt mit 0,000023 in der Größenordnung von $1/100.000 = 10^{-5}$. Allerdings ist genau diese kleine Intensitätsdifferenz die Lichtmenge, die von den Fluoresceinmolekülen absorbiert wurde. Und wenn man nun davon ausgeht, dass alle Moleküle, die ein Photon absorbiert haben, auch ein Fluoreszenzphoton abgeben, dann ist eben 10^{-5} das Verhältnis des abgestrahlten zum eingestrahlten Anregungslicht. Die Annahme einer so effizienten Umsetzung von Anregung in Fluoreszenz ist für den Farbstoff Fluoreszein gerechtfertigt, da dessen Quantenausbeute nahe bei 1 liegt. Die Quantenausbeute beschreibt das Verhältnis von absorbierten

Photonen zu in Fluoreszenz umgesetzten Photonen. Wir können also grob festhalten, dass die Intensität der Fluoreszenz in einem typischen Fall etwa eine Million Mal schwächer ist als das anregende Licht. Dass nur ein kleiner Teil der emittierten Fluoreszenzphotonen tatsächlich den Detektor erreichen wird, ist dabei noch gar nicht berücksichtigt.

2.2.2 Durchlicht- und Auflichtfluoreszenz

Die ersten Mikroskope für Fluoreszenz waren Geräte, die aus dem Fundus der bis dahin verwendeten Technik umgebaut und für Fluoreszenz vorbereitet wurden. Das heißt, eine Lichtquelle durchstrahlt das Präparat, und man betrachtet auf der anderen Seite das entstandene Bild. Die bis dato benutzten Lichtquellen, nämlich Petroleumlampen, Glühlampen oder die Sonne, konnten für UV-Fluoreszenz nicht ohne Weiteres brauchbare Ergebnisse liefern. Selbst umfangreichere Sammlung und Bündelung des Lichtes führte nicht immer zu befriedigenden Ergebnissen. Daher wurden bald starke elektrische Bogenlampen eingesetzt. Diese Geräte erzeugen sehr hohe Lichtströme, nehmen gewaltige Leistungen im Kilowattbereich auf und müssen gut gekühlt werden. Das größere Problem ist allerdings, dass in einem gewöhnlichen Mikroskop, also einer Durchlichteinrichtung, fast 100 % des eingestrahlten Lichtes im Okular ankommt – wie wir in Abschn. 2.1.1 berechnet haben. Einerseits ist es nicht möglich, das geringe Fluoreszenzlicht gegen diesen Hintergrund wahrzunehmen, auch wenn es eine andere Farbe hat. Andererseits sind gewöhnliche Detektoren für so hohe Lichtintensitäten nicht geeignet. Insbesondere das Auge ist gefährdet – und es gab wohl einige Fälle, in denen der Experimentator durch unachtsame Benutzung solcher Einrichtungen erblindet war.

Um den extremen Hintergrund zu unterdrücken, muss im Strahlengang auf der Beobachtungsseite ein Filter eingeschaltet werden. Dieser Filter muss das Fluoreszenzlicht möglichst unbehindert passieren lassen, aber das Anregungslicht möglichst vollständig blockieren. Man spricht daher von einem „Blockfilter“, „Sperrfilter“ oder „Emissionsfilter“. Vergisst man diesen Blockfilter und schaut ins Mikroskop, ist eine ernsthafte Augenverletzung sehr wahrscheinlich – insbesondere, wenn das Licht hohe Anteile des unsichtbaren Ultravioletts enthält.

Sowohl der Kontrast als auch die Sicherheit werden wesentlich verbessert, wenn die Beobachtung nicht direkt in die Lichtquelle erfolgt. Das kann erreicht werden, indem mittels eines Strahlteilers die Beleuchtung von der Betrachtung entkoppelt wird (Abb. 2.7). Das Licht zur Beleuchtung wird dabei in einem Winkel gegen die optische Achse des Mikroskops eingekoppelt und strahlt auf dieselbe Seite des Präparates, die anschließend beobachtet wird. Das

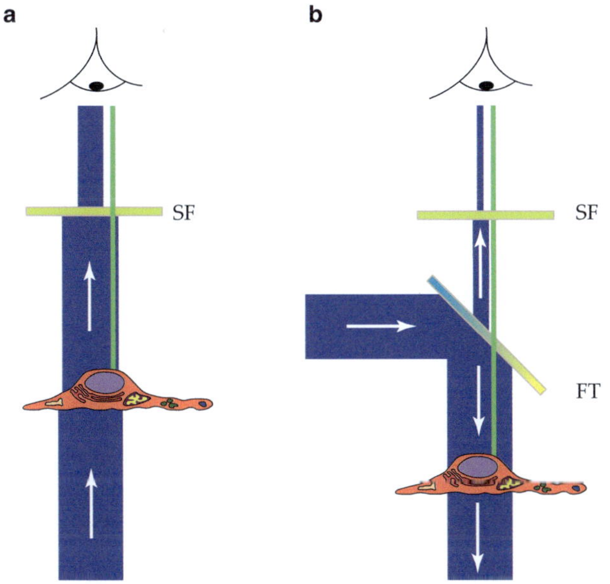

Abb. 2.7 **a** Im Durchlichtfluoreszenz-Verfahren erreicht noch ein großer Teil des Anregungslichtes (*blau*) den Detektor (hier: das Auge). Die Fluoreszenzemission ist schwach und kontrastiert wenig, auch bei Verwendung eines Sperrfilters (*SF*). **b** Im Auflichtfluoreszenz-Verfahren wird nur sehr wenig Anregungslicht vom Präparat reflektiert, der größte Teil passiert das Präparat. Das reflektierte Licht wird durch den Strahlteiler (*FT*) und den Sperrfilter (*SF*) weiter unterdrückt. Der Kontrast der Fluoreszenz ist deutlich erhöht (bei Weitem mehr als hier durch die eingezeichnete Breite der Strahlen angedeutet)

Objekt wird also nicht „durchleuchtet" wie in der Durchlichtmikroskopie, sondern von der Oberseite beleuchtet, weshalb man von „Auflichtmikroskopie" spricht. Moderne Fluoreszenzmikroskope benutzen durchweg das Verfahren des Auflichtfluoreszenzkontrastes. Ein weiterer Vorteil dieses Verfahrens ist, dass Abschattungen durch dichte Färbung oder anderweitige Pigmentierung des Präparates nur noch eine geringe Rolle spielen. Hinzu kommt, dass insbesondere bei dicken Objekten die Qualität des Fluoreszenzbildes nicht durch die ungefärbten Strukturen des Präparates beeinträchtigt wird.

2.2.3 Beleuchtung

Vielleicht erinnern Sie sich noch an ein Mikroskop, das Sie als Kind zu Weihnachten bekamen? Solche Geräte waren natürlich sehr einfach und preiswert.

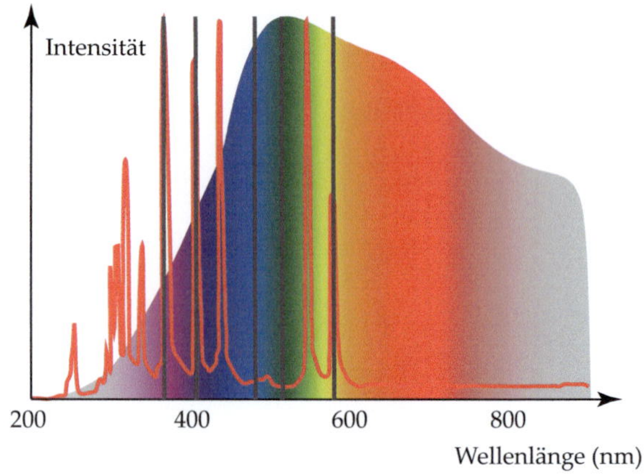

Abb. 2.8 Im Hintergrund ist sehr grob schematisch das Spektrum der Sonne skizziert. Die *rote Linie* zeigt den Verlauf der Emission einer Quecksilber-Dampflampe mit den stark verbreiterten Linien. Ein Ensemble aus fünf LEDs ist durch die *schwarzen Linien* eingezeichnet

Zur Beleuchtung gab es einen kleinen Spiegel, der in einer kardanischen Aufhängung so ausgerichtet werden konnte, dass man damit das Sonnenlicht in die mikroskopische Achse einfädeln konnte. Etwas bessere Geräte hatten einen gekrümmten Hohlspiegel, um das Licht zu sammeln. Der große Vorteil des Sonnenlichtes für die Mikroskopie besteht darin, dass das Licht fast parallel hier auf der Erde eintrifft und deshalb schon sehr gut für eine Beleuchtungsoptik vorbereitet ist. Weiter enthält es alle Farben: Die Sonne emittiert sichtbares Licht mit einem Maximum bei etwa 500 nm (grün), aber auch harte Röntgenstrahlung und lange Radiowellen. Allerdings werden weite Abschnitte des Spektrums von der Erdatmosphäre absorbiert (Abb. 2.8). Neben diesen statischen Absorptionen ist ein weiterer Nachteil natürlich die Beeinflussung der Intensität und der Zusammensetzung des Lichtes durch Wolken, die sich sehr schnell ändern. Dazu kommt die ständige Veränderung der Richtung durch die Erddrehung. Sonnenastronomen kompensieren diese Erdbewegung durch Heliostaten, mechanische Nachführmechanismen, die dafür sorgen, dass der Detektor stets in die Sonnenmitte schaut. Man hat diese Methode gelegentlich auch für die Mikroskopie eingesetzt, durch die Verfügbarkeit nahezu perfekter künstlicher Lichtquellen ist dieses Verfahren heute nicht mehr gebräuchlich.

Ebenso sind Petroleum- und Gaslampen heute nicht mehr von Bedeutung. Gaslampen wurden auch als „Kalklicht" (engl. *limelight*) eingesetzt. Hier wurde Wasserstoffgas und Sauerstoffgas gemischt, entzündet und die Flamme auf ein Stück Kalk gerichtet, das ein helles weißes Licht erzeugte – durch die Gefahr einer unkontrollierten Knallgasreaktion ein prickelndes Verfahren. Glühlampen haben in der Regel einen zu geringen Lichtstrom, um für Fluoreszenz geeignet zu sein. In der ersten Hälfte des 20. Jahrhunderts waren Kohlebogen- oder Eisenbogenlampen Favoriten. Teilweise als Verbundstruktur mit einer „Seele", etwa Kohle in Eisenstäben, womit man ruhigeres

Brennen erzeugen konnte und nicht ständig nachjustieren musste. Kohlebogenlampen wurden mit uhrwerkähnlichen Nachrückmechanismen versehen, um den Abbrand automatisch kompensieren zu können. Bis vor kurzem waren Quecksilber-Hochdrucklampen oder in einer erweiterten und verbesserten Form die Halogen-Metalldampflampe die Standardlichtquellen für Fluoreszenzmikroskopie. Diese Lampen erzeugen je nach Gas- und Metallmischung unterschiedliche Farbtemperaturen. Vor allem durch den hohen Druck werden die Linien sehr breit. Viele Fluoreszenzfarbstoffe wurden so entwickelt, dass sie durch die Quecksilber-Linien gut angeregt werden können. Die Metall-Halid-Lampen haben eine hohe Leuchtdichte und sind längerlebig als die etwas älteren Quecksilber-Hochdrucklampen.

In letzter Zeit werden die meisten konventionellen Lichtquellen (Verbrennungslampen, Glühlampen, Entladungslampen) durch Lichtemissionsdioden verdrängt. LED-Quellen haben eine sehr hohe Ausbeute, d. h. auch, dass sie bei gleicher Lichtleistung kaum Wärme produzieren. Sie sind sehr lange haltbar und können in unterschiedlichen Farben produziert werden. So wird es möglich, etwa fünf verschiedene Farben unabhängig voneinander mit beliebig einstellbarer Intensität zu mischen, was für Aufnahmen von Vielfach-Fluoreszenzbildern das Experimentieren sehr viel bequemer macht. Die Wellenlängen reichen von 350 bis 700 nm und überstreichen somit das gesamte Anregungsspektrum fast der gesamten Fluorochrom-Palette. Man kann solche LEDs innerhalb von Sekundenbruchteilen ein- oder ausschalten, was besonders für physiologische Messungen an lebenden Präparaten sehr wichtig ist. Mit über 10.000 Stunden durchschnittlicher Lebensdauer übersteigen die Lichtemissionsdioden die klassische Quecksilberdampflampe um etwa das Hundertfache. Ein Nachteil ist freilich, dass die Farben fest vorgegeben sind und nicht wie bei einer Glüh- oder Bogenlampe durch Filter beliebig ausgewählt werden können. Möchte man mehr Farben zur Verfügung haben, muss man den Vorrat an unterschiedlichen LEDs aufstocken.

2.2.4 Anregungsfilter

Um den Kontrast des Fluoreszenzbildes zu erhöhen, setzt man zunächst Anregungsfilter ein, die den Bereich der Emission aus dem Anregungslicht abschneiden. Bei monochromatischen Lichtquellen wäre das überflüssig, aber solche sind erst seit Kurzem für die Weitfeldmikroskopie verfügbar. Um aus einem mehr oder weniger gleichmäßigen, also weißen Spektrum, oder einer Serie von Linien nur solches Licht auszuwählen, das in das Anregungsband des Fluoreszenzfarbstoffes passt, müssen passende Anregungsfilter ausgewählt oder entwickelt werden. Für die frühe Fluoreszenzmikroskopie war dies das längerwellige UV-Band zwischen 300 und 400 nm. Um sichtbare Strahlung

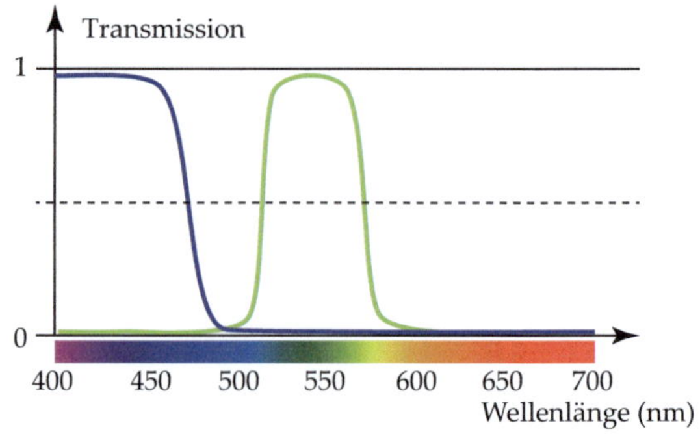

Abb. 2.9 Typische Transmissionskurven für Kurzpassfilter (*blau*) und Bandpassfilter (*grün*) zur Fluoreszenzanregung

oberhalb 400 nm und die infrarote Wärmestrahlung abzufiltern, wurden Farbgläser und farbige Flüssigkeiten verwendet. Als IR-Filter war insbesondere eine wässrige Kupfersulfatlösung ein Standard. Durch Verbesserung und Kombination von Farbgläsern sind die Flüssigkeitsfilter bald ganz aus der Praxis verschwunden. Zur UV-Anregung wurden „Schwarzgläser" verwendet, die vorwiegend nur den ultravioletten Teil des Spektrums durchlassen. Durch die moderneren Fluoreszenzverfahren, die Anregungen im gesamten sichtbaren Bereich einschließen, konnte man bald über eine ganze Serie von Blau-, Grün-, Gelb- und Rotgläsern verfügen.

Zur Anregung benutzt man prinzipiell zwei Typen von spektralen Filtern: Kurzpass- und Bandpassfilter (Abb. 2.9). Kurzpassfilter lassen alle kürzerwelligen Strahlungsanteile bis zu einer spezifizierten Wellenlänge passieren. Das gilt freilich nur *cum grano salis*, unter 200 nm wird der Verlauf des Spektrums in der Regel gar nicht mehr gemessen, und oft haben solche Gläser hohe Durchlässigkeiten auch im nahen IR-Bereich. Ein Kurzpassfilter ist für eine Präparation mit einfacher Anregung eine sinnvolle Lösung, da die Fluoreszenzemission durch die Stokes-Verschiebung ja längerwellig ist. Ein Bandpassfilter lässt nur Licht in einem spezifizierten Intervall des Spektrums passieren. Unter „spezifiziert" wird hier üblicherweise die Wellenlänge verstanden, bei der die Transmission 50 % ausmacht. Ein Kurzpass 420 würde daher „alle" Wellenlängen unter 420 nm durchlassen, ein Bandpass 500–550 nur das 50 nm breite Band zwischen 500 und 550 nm. Gelegentlich findet man die dafür äquivalente Bezeichnung 525/50, hier sind die Mittenfrequenz und die Bandbreite angegeben. Bandpassfilter für die Anregung werden dann benötigt, wenn man gleichzeitig mehr als einen Fluoreszenzfarbstoff in unterschiedlichen Bändern anregen möchte.

Auch die Farbgläser, also Glasmischungen, die farbige Pigmente enthalten, wurden durch modernere Verfahren zwar nicht ganz verdrängt, aber doch umfangreich ergänzt und übertroffen. Heute werden als optische Farbfilter fast nur noch dielektrische Interferenzfilter verwendet.

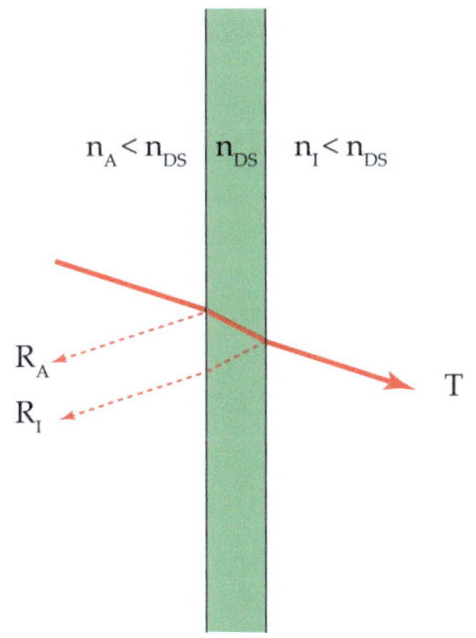

Abb. 2.10 Wirkung einer geometrisch dünnen, aber optisch dichten Schicht (n_{DS}). Trifft Licht aus einem optisch weniger dichten Medium (n_A) auf die dünne Schicht, wird ein Teil ohne Phasensprung reflektiert (R_A). An der zweiten Grenze der dünnen Schicht findet eine weitere Reflektion statt, diesmal aber mit Phasensprung um 180°, da das Licht aus einem optisch dichteren Medium auf ein weniger dichtes Medium (n_I) fällt. Ist die Schicht sehr dünn, kann der Gangunterschied zwischen R_A und R_I vernachlässigt werden und die Schicht erscheint schwarz, d. h. ohne jede Reflektion, da sich die beiden Lichtwellen gerade auslöschen (destruktive Interferenz)

Ein Interferenzfilter besteht aus einem Träger, dem Substrat. Auf die Oberfläche dieses Substrates wird im einfachsten Fall eine dünne Schicht eines Dielektrikums aufgetragen. Damit sind transparente Materialien gemeint, die einen höheren Brechungsindex als das Substrat haben müssen. Das Wirkprinzip dieser Filter ist vergleichsweise einfach:

Trifft Licht auf eine durchsichtige glatte Oberfläche (Abb. 2.10), wird ein Teil reflektiert. Beim Auftreffen auf ein optisch dichteres Medium (beispielsweise aus der Luft auf ein Glas) findet dabei kein Phasensprung statt. Kommt das Licht aber aus einem optisch dichten Medium und trifft auf ein optisch dünneres Medium, dann wird bei der Reflexion die Phase um 180° verschoben, das nennt man einen „Phasensprung“. Eine (geometrisch) sehr dünne Schicht reflektiert an ihrer Ober- und an ihrer Unterseite. Wenn nun beide Formen der Reflektion ermöglicht werden, dann interferieren beide Reflektionen destruktiv, es wird also insgesamt kein Licht reflektiert. Die Schicht sieht dann „schwarz“ aus. Vielleicht erinnert sich der eine oder andere Leser noch an die „Kunst der Schwarzen Filme“ aus der Biophysik, wo man diesen Effekt ausnutzt, um zu erkennen, ob sich in der Messküvette ein bimolekularer Lipidfilm gebildet hat (BLM: *black lipid membranes*).

Durch eine dünne Schicht höherbrechenden Materials auf der Oberfläche eines Glases kann man so das Reflexionsverhalten des kombinierten Systems steuern. Im einfachsten Fall wird die Reflexion weitgehend unterdrückt, das macht man sich in sogenannten „Antireflexbeschichtungen“ zunutze, wie sie jeder aus dem Brillenladen kennt. Auch fast alle optischen Teile in einem guten Mikroskop werden beschichtet, wobei man hier von „Vergütung“ spricht. Dies ist nötig, damit die Transparenz nicht zu weit absinkt. Man rechnet für eine Luft-Glas-Oberfläche ohne Vergütung mit etwa 4 % Reflexionsverlusten. Da hochwertige Spezialobjektive oft zehn und mehr Linsen bzw. Linsengruppen enthalten, würde das bereits im Objektiv schnell zu einem Lichtverlust von über 50 % führen – und zu unerträglich störenden Reflexen im Bild.

Da die Interferenzwirkung wellenlängenabhängig ist, wird es möglich, bestimmte Farben zu reflektieren und die komplementären durchzulassen. Durch geschickte Kombination verschiedener dielektrischer Schichten kann man mittlerweile fast jede beliebige Filterspezifikation durch diese Technik erzeugen. Die Berechnung der Schichtfolgen ist komplex und kann nicht geschlossen erfolgen, weshalb durch Simulation und Variation der Parameter die gewünschte Eigenschaft sozusagen zunächst am Computer durch Versuch und Irrtum herausgefunden wird (die Dünnschicht-Ingenieure mögen diese grobe Vereinfachung verzeihen).

Nicht nur Kurz- und Bandpassfilter können so erzeugt werden, sondern auch Filter, die eine ganze Serie von Reflexions- und Transmissionsbanden gleichzeitig aufweisen. Solche „Multibandfilter“ sind aus der heutigen Fluoreszenzmikroskopie nicht mehr wegzudenken. Mit ihnen lassen sich aus weißem Licht beispielsweise fünf schmale Bänder aussieben, die fünf verschiedene Fluoreszenzfarbstoffe gleichzeitig anregen können. Auf der Emissionsseite muss man entsprechend komplementäre Filter verwenden, die in den Durchlassbereichen des Anregungsfilters sperren und umgekehrt. So kann man Bilder mit fünf Farben gleichzeitig aufzeichnen. Bei der Auswertung der Daten stößt man dabei auf das Problem, dass unsere Augen, und die diesen Augen nachempfundenen Kamerachips, nur drei verschiedene primäre Farben wahrnehmen können und fünf Farben deshalb notwendigerweise Mischfarben für die Sensoren darstellen. Will man die einzelnen Fluoreszenzemissionen separat auswerten, muss man sich zusätzlicher Verfahren bedienen.

Mit den modernen LED-Serien werden solche Filter für Anregungszwecke allerdings möglicherweise bald obsolet. Da jede LED-Farbe unabhängig in ihrer Intensität eingestellt werden kann, lassen sich die im obigen Beispiel verwendeten fünf Farben als sehr schmalbandige Linien direkt auswählen. Man kann auch jede beliebige Kombination, von einzelnen Farben bis eben zu allen fünf gleichzeitig, in Sekundenbruchteilen umschalten. Das ist mit einem optischen Filter auf der Basis eines Glassubstrates nicht möglich.

2.2.5 Auflicht und Strahlteiler

Durch den Anregungsfilter wird schon ein großer Teil des störenden Lichtes aus dem Beobachtungsstrahlengang ferngehalten. Eine weitere Maßnahme, die den Kontrast zwischen Anregungslicht und Fluoreszenzemission verbessert, ist der Einsatz von Auflichttechniken. Zwar denkt man bei Mikroskopie zunächst an Durchlichtverfahren und meint, das sei auch der gewöhnliche Fall. Unser tägliches Leben findet aber im „Auflichtraum" statt. Wenn wir einen Gegenstand betrachten, empfangen wir das Licht, das von diesem Gegenstand reflektiert oder gestreut wird. Im Durchlicht sehen wir allenfalls eine tote Fliege am Fenster. Dass Mikroskopie im Durchlicht sich zunächst etabliert hat, hängt damit zusammen, dass die kurzen Brennweiten der Objektive es sehr schwer machen, das Beleuchtungslicht zwischen Frontlinse und Präparat hindurchzufädeln, um das Objekt auf seiner Oberseite beleuchten zu können. Durchlichtmikroskopie ist also viel einfacher und bequemer, und daher wurde ihr sehr schnell der Vorzug gegeben. Der Nachteil der Durchlichtmikroskopie liegt in der Präparation: Das Objekt muss entweder selbst sehr dünn und durchsichtig sein oder es muss in dünne Scheiben geschnitten werden. Aus dieser Forderung entwickelte sich das umfangreiche Feld der Mikrotomie.

Um dennoch im Durchlicht eine Trennung von Anregung und Emission zu erreichen, wurden sogenannte „Durchlicht-Dunkelfeld"-Einrichtungen entwickelt (Abb. 2.11). Hier wird nur ein ringförmiger Kegelmantel außerhalb der zur Beobachtung verwendeten kegelförmigen Apertur zur Beleuchtung benutzt. Da das Anregungslicht außerhalb des Öffnungswinkels des Objektivs liegt, kann es auch vom Mikroskop nicht weitergeführt werden. Die fluoreszierenden Moleküle senden ihre Emission aber in alle Raumrichtungen aus, sodass mit dem Objektiv von diesem Licht ein entsprechender Teil eingefangen werden kann. Am einfachsten kann man eine solche Beleuchtung durch Ringblenden erzeugen. Da im Phasenkontrast ohnehin Ringblenden verwendet werden, lässt sich oft durch den Einsatz einer „falschen" Phasenkontrastblende eine Durchlicht-Dunkelfeld-Beleuchtung realisieren. Es gibt auch andere Methoden, bei denen durch sphärische, paraboloide oder kardioide Flächen eine Beleuchtung außerhalb der Objektiv-Apertur bewerkstelligt werden kann. Allerdings sind diese Einrichtungen kostspielig und teilweise nicht einfach zu justieren.

Der nächstliegende Weg, Auflichtmikroskopie zu verwirklichen, würde darin bestehen, eine Lichtquelle schräg auf das Präparat zu lenken zwischen Objektiv und Objekt. So haben es die ganz frühen Mikroskopiker auch gemacht. Der Nachteil ist hier, dass sich dabei nur eine sehr kleine Apertur realisieren lässt und der Aufbau recht umständlich und sperrig wird. Eine Ausnahme bil-

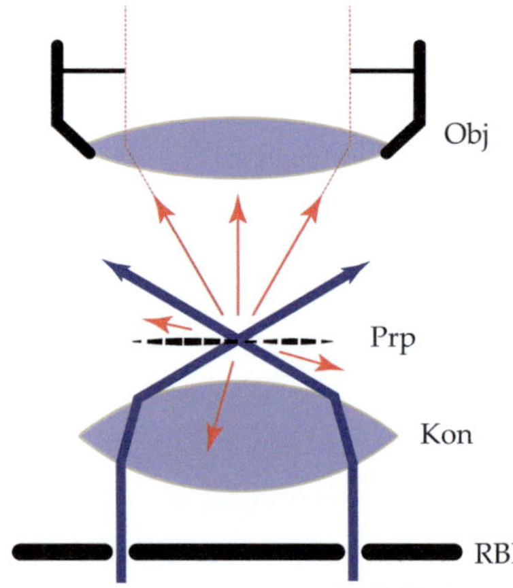

Abb. 2.11 Im Durchlicht-Dunkelfeld-Verfahren wird die Beleuchtung (*blau*) über eine Ringblende (*RBl*) durch einen Kondensor (*Kon*) so geführt, dass nur Aperturen bedient werden, die das Objektiv (*Obj*) nicht aufnehmen kann. Im Präparat (*Prp*) wird Fluoreszenz angeregt und in alle Raumrichtungen emittiert. Das Objektiv sammelt nur die zu seiner Öffnung passenden Richtungen ein

det das von Zsigmondy und Siedentopf entwickelte „Spalt-Ultramikroskop“, ein zwischenzeitlich etwas in Vergessenheit geratener Vorläufer der sehr aktuellen Lichtblattmikroskopie (Abb. 2.12). Zsigmondy hat Kolloide untersucht, speziell Goldpartikel in Glas und Suspensionen. Sein Ultramikroskop hatte tatsächlich eine Beleuchtungseinrichtung, die ein blattförmiges Lichtbündel senkrecht zur Mikroskopachse direkt in das Präparat einstrahlte. Insofern handelte es sich um ein „Streu-Lichtblatt-Mikroskop“. Lichtblattmikroskope sind inhärent immer Dunkelfeldmikroskope, da zur Beleuchtung keine Strahlung in der Richtung der optischen Achse verwendet wird. Mit dem Spalt-Ultramikroskop war es möglich, sehr kleine Partikel, hier das kolloidale Gold, im Mikroskop zu sehen. Vor einem schwarzen Hintergrund konnte man helle Pünktchen wahrnehmen. Bei genauer Betrachtung sind diese Pünktchen Punktverwaschungsfunktionen (Abschn. 1.3.2), die beugungsbegrenzt die Streuung des Lichtes an den Goldpartikeln darstellen. Die Größe der betrachteten Gebilde ist also nicht die Größe der Teilchen, sondern hängt von der Wellenlänge des Lichtes und von der Apertur des Objektivs ab. Dennoch konnte man damit erstmals diese Objekte sehen. Da sie unter der Auflösungsgrenze liegen, nannte man sie „Ultramikronen“, woraus der Begriff „Ultramikroskop“ abgeleitet wurde. Heute kann man mit Super-Hochauflösungsverfahren tatsächlich Objekte jenseits der Beugungsgrenze aufgelöst darstellen – allerdings keine Goldpartikel, da diesen der Schaltmechanismus fehlt, der für Super-Hochauflösung benötigt wird.

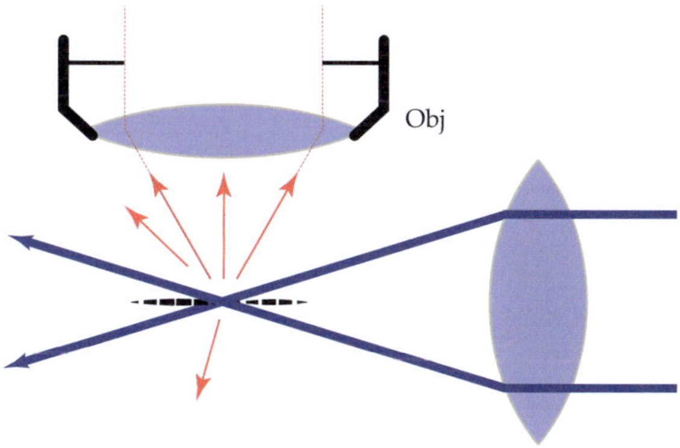

Abb. 2.12 Im Ultramikroskop wird eine Beleuchtung (*blau*) senkrecht zur optischen Achse des Mikroskops verwendet. Das gestreute Licht, beziehungsweise die Fluoreszenzemission (*rot*) wird vom Objektiv (*Obj*) aufgenommen, ohne dass Anregungslicht direkt in das Objektiv gelangen kann. Um eine ungefähr flächige Beleuchtung im Präparat zu erhalten, werden heute unterschiedliche Techniken eingesetzt (Lichtblattmikroskopie)

Alternativ zu einer schiefen Beleuchtung der Oberfläche oder senkrechten Beleuchtung der Objekte in hinreichend transparenten Präparaten kann man das Licht koaxial in den Strahlengang einfädeln. Das ist die klassische Auflichtmikroskopie. Hier gibt es grundsätzlich wieder zwei Varianten: Einmal kann man die Apertur aufteilen, etwa konzentrisch in einen Beleuchtungsring und einen Beobachtungskreis. Die vollendete Form dieses Konzeptes ist die Auflicht-Dunkelfeld-Mikroskopie, die insbesondere in der Mineralogie und der Metallurgie häufig angewendet wird. Im Grunde ist dies die Weiterentwicklung der Durchlicht-Dunkelfeld-Mikroskopie, nur wird nun das Licht mittels eines geeignet segmentierten Spiegels von oben auf einen ringförmigen Hohlspiegel gelenkt, der das Präparat in einem sehr flachen Winkel eines Kegelmantels beleuchtet. Die Beobachtung findet im zentralen Zylinder der Apertur statt, für die dann der Spiegel entsprechend ausgespart sein muss.

Etwas einfacher gestaltet sich eine Lösung, die einen teildurchlässigen Spiegel Abb. 2.13 im Strahlengang dazu benutzt, das Anregungslicht von der Seite oberhalb des Objektivs einzukoppeln. Das Objektiv dient dann gleichzeitig als Kondensor und beleuchtet das Präparat mit der vollen Apertur. Von der Probe ausgehendes Licht wird vom Objektiv gesammelt und durch den teildurchlässigen Spiegel in die Detektionseinrichtungen weitergeleitet. Nach diesem Prinzip funktionieren fast alle heute verwendeten Fluoreszenzmikroskope.

Zur Strahlteilung kann man verschiedene Arten von Teilerspiegeln verwenden. Etwa einen sogenannten „Grauteiler", also einen Spiegel, der über das gesamte Spektrum hinweg ein konstantes Verhältnis von Transmission und

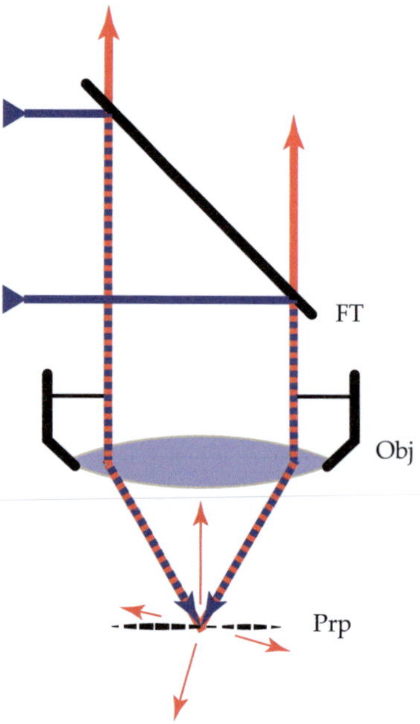

Abb. 2.13 Auflichtfluoreszenz mithilfe eines Farbteilerspiegels (*FT*). Blaues Licht, hier von der *linken Seite* eintreffend, wird zur Anregung vom Farbteilerspiegel umgelenkt und koaxial durch das Objektiv (*Obj*) auf das Präparat (*Prp*) geleitet. Von dort sammelt das Objektiv die rote Emission. Das Emissionslicht passiert den Farbteiler und kann durch das Okular beobachtet werden

Reflexion aufweist. Wenn Transmission und Reflexion gleich sind, spricht man von einem 50/50-Teiler. Für Fluoreszenz benutzt man gerne 70/30- oder 80/20-Teiler, weil die Emission viel geringer ist und man die kostbaren Fluoreszenzphotonen ungern an einem Teilerspiegel wieder verlieren möchte. Das geht so weit, dass man mit 95/5-Teilern fast die gesamte Lampenleistung (95 %) verwirft, um möglichst viel Fluoreszenz einzusammeln. Wenn man hinreichend leistungsfähige Lichtquellen zur Verfügung hat, ist das dennoch eine sinnvolle Maßnahme.

Mit der oben erwähnten Dünnschicht-Interferenztechnik hat man aber für Teilerspiegel eine wunderbare Lösung gefunden: Durch geeignete Schichtkombinationen ist es möglich, die Farben für Reflexion und Transmission zu steuern. Ein sogenannter „dichroitischer" Farbteiler reflektiert dann kürzerwelliges Licht, das im Präparat zur Fluoreszenzanregung benutzt wird, fast vollständig. Das durch die Stokes-Verschiebung längerwellig gewordene Licht kann dann ebenso durch den Farbteilerspiegel hindurchtreten und im Detektor nachgewiesen werden. Da es über das ganze Spektrum verteilte Stokes-Verschiebungen gibt, muss man natürlich für einen gegebenen Farbstoff den passenden Teilerspiegel auswählen. Die Bezeichnung bezieht sich auch hier auf die Wellenlänge, bei der Reflexion und Transmission gleich (nämlich 50 %) sind. Ein Farbteiler „FT 500" würde also blaues und blaugrünes Licht reflektieren und grünes, gelbes, oranges und rotes Licht durchlassen. Daher findet man in Fluoreszenzmikroskopen eine ganze Serie unterschiedlicher Farbteilerspiegel, um damit die verschiedenen Fluorochrome geeignet beleuchten zu können.

Da moderne biomedizinische Forschung sehr häufig Interaktionen und Verhältnisse unterschiedlicher Strukturen und Mechanismen messen und sichtbar machen möchte, ist die Multiparameter-Fluoreszenz ein ganz zentrales Thema. Dazu sollen gleichzeitig unterschiedliche Farben in das Präparat eingestrahlt und dazwischen die Emissionen aufgesammelt werden (*simultane* Aufnahme). Mit den Dünnschichtmethoden lassen sich Farbteiler erzeugen, die fast beliebig verschiedene Bänder für Reflexion und Transmission aufweisen. Für eine gegebene Kombination von Fluorochromen wird dann ein passender Multiband-Farbteiler eingesetzt, der spezifisch die spektralen Eigenschaften der gewählten Kombinationen bedient. Wiewohl das Design der Multiband-Teilerspiegel sehr flexibel ist, hat das Verfahren dennoch zwei Nachteile: Einerseits bleiben die Reflexionsbanden im Strahlengang, auch wenn vielleicht die korrespondierende Anregung aktuell gar nicht benutzt wird. Das führt zu deutlichen Verlusten in der Effizienz. Um diese zu vermeiden, müsste man andererseits für jede Permutation von Farbstoffkombinationen einen eigenen Multiband-Teiler verfügbar haben, was schnell zu sehr umfangreichen und komplexen mechanischen Monstern führen würde.

Für die modernen LED-Beleuchtungseinrichtungen wird diese Situation etwas entspannter, da man hier im Extremfall auch einen einzigen Teiler konstruieren kann, der beispielsweise fünf sehr schmale Bänder für die Anregung in Reflexion enthält. Solche schmalen Bänder würden die Effizienz nicht wesentlich einschränken, auch wenn das Bandsystem im Anwendungsfall nicht benutzt wird.

Aufwendiger und langsamer ist die Aufzeichnung der verschiedenen Fluoreszenzen nacheinander, mit wechselnden Filtern und Farbteilern. Die einzelnen Bilder werden anschließend elektronisch überlagert werden (*sequenzielle* Aufnahme).

2.2.6 Emissionsfilter

Ebenso wie man durch geeignete Band- und Kurzpassfilter das Anregungslicht auswählen kann, lässt sich auch die Emission durch geeignete Filter von ungewünschten spektralen Anteilen reinigen. Statt Kurzpassfiltern kommen hier wegen der Stokes-Verschiebung Langpassfilter zum Einsatz – für Mehrfachfärbungen auch Bandpassfilter. Die Emissionsfilter sind üblicherweise komplementär zu den Anregungsfiltern, d. h. für Multiband-Anwendungen, dass sich beide Filterkurven einhüllend ergänzen. Die Farbteiler schneiden diese Muster ebenfalls an den Übergängen zwischen Reflexion und Transmission.

Abb. 2.14 Typische Transmissionskurven für Bandpassfilter (*grün*) und Langpassfilter (*rot*) zur Separation der Emissionen. Diese Filter sind üblicherweise komplementär zu den Anregungsfiltern

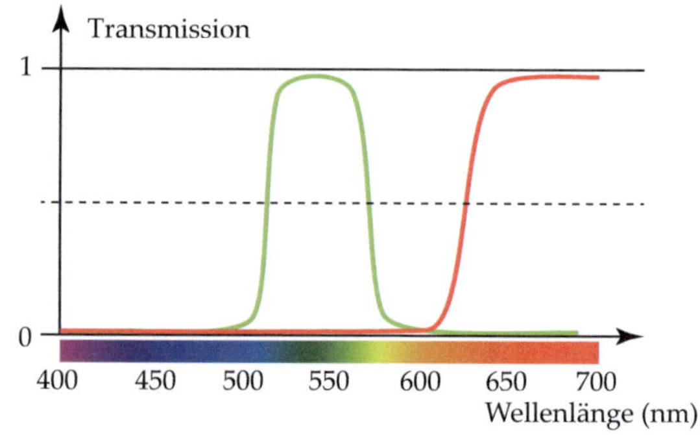

Durch die Kombination von Anregungsfilter, Farbteiler und Emissionsfilter kann der dramatische Unterschied in Anregungs- und Emissionsleistung überwunden werden. Für die große Zahl von Anwendungen steht eine ebenso große Zahl von Filtern und Filterkombinationen zur Verfügung. Für praktische Zwecke werden jeweils die drei zueinander gehörigen Elemente in „Fluoreszenz-Filterwürfeln" zusammengefasst. Bei Änderung der Fluoreszenzfarbstoffe muss man dann nur noch den passenden Filterwürfel in den Strahlengang einbringen, ohne sich allzu viele Gedanken über die spektralen Spezifikationen der vielen Filterelemente machen zu müssen.

Eine spezielle Variante der Bandpassfilterung stellt die Kombination von Lang- und Kurzpassfiltern dar. Hier kann man Filter der jeweiligen Klasse beispielsweise in 50-nm-Schritten auf einem Filterrad bereitstellen und daraus dann alle möglichen Bandpassfilter mit Breiten von $n \times 50$ nm erzeugen, wobei die Mittenfrequenzen jeweils beim Mittelwert der beiden Filterkanten liegen.

2.3 Künstliche Farben

Natürlich gehörte zum Verständnis der Fluoreszenz auch, die chemische Natur der fluoreszierenden Stoffe aufzuklären. So stellte sich heraus, dass vor allem aromatische Ringe, wenn sie mit unterschiedlichen Gruppen verknüpft werden, Fluoreszenz zeigen. Solche Stoffe wurden zunächst als „Luminophore" bezeichnet, und schon Köhler sprach von „farblosen Farbstoffen". Tatsächlich enthalten fast alle biologischen Gewebe Substanzen, die fluoreszieren, wofür man den Ausdruck „Autofluoreszenz" geprägt hat. Neben solchen Substanzen findet man in der Natur auch Vorläufer, die durch einfache Modifikationen zu fluoreszierenden Molekülen umgeformt werden können, wozu einige Vitamine und Hormone gehören.

Für die Medizin waren teilweise komplexe Färbemethoden entwickelt worden, oft auf empirischem Wege, die es erlaubten, spezifisch nur ausgewählte Gewebe oder Zellstrukturen anfärben zu können. Manche dieser Färbungen zeigten auch Fluoreszenz. Es war bald klar, dass für systematische Untersuchungen spezielle fluoreszierende Stoffe hergestellt werden mussten. Diese Stoffe wurden „Fluorochrome“ genannt und der Färbeprozess deshalb „Fluorochromierung“. Solche Fluorochrome sind sehr spezifisch und werden zur Differenzierung von Zelltypen in der Histologie eingesetzt. Viele dieser Farbstoffe werden auch heute noch verwendet, dazu gehören Fuchsin, Rhodamin, Fluorescein, Hämatoxylin, Eosin, Acridinorange und weitere. P. Ehrlich hat aus dieser Spezifität die Vorstellung entwickelt, die Zielstrukturen ebenso spezifisch vergiften zu können – woraus die Chemotherapie entstanden ist.

Eine Revolution in der Färbung von Präparaten für die Fluoreszenzmikroskopie war die Entwicklung der Immunfluoreszenz durch A. H. Coons (1941) und seine Kollegen (Immunhistochemie, Immuncytochemie). Das Arbeitsprinzip dieser Methode beruht auf der extrem spezifischen Erkennung von Protein- oder Zuckerstrukturen durch Antikörper. Werden solche Antikörper mit Fluoreszenzfarbstoffen chemisch verknüpft (dekoriert), dann leuchten im Mikroskop exakt nur diese Proteine auf, die der Antikörper erkennt. Werden verschiedene Antikörper mit unterschiedlichen Farbstoffen dekoriert, lassen sich viele Zellkompartimente oder Zellstrukturelemente gleichzeitig darstellen. Durch Färbungen von Zellen in unterschiedlichen Entwicklungsstadien konnte man auch die Entwicklung der Zelle und ihre molekularen Grundlagen erforschen. Auch die medizinische Diagnostik ist ein wichtiges Anwendungsfeld der Immunfluoreszenztechnik.

Ein weiterer wichtiger Fortschritt war die Übertragung dieses Gedankens auf spezifische Markierung von DNA-Molekülen durch J. G. Gall (1969). Hier werden kurze Nukleotidsequenzen mit einem Fluorochrom verknüpft und anschließend mit den im biologischen Material natürlich vorkommenden Nukleinsäuresträngen hybridisiert. So lassen sich etwa Fehler in der DNA auffinden – woraus Methoden zur pränatalen Diagnostik von Erbkrankheiten entwickelt wurden. In Forschung und Routine ist diese Fluoreszenz-*in-situ*-Hybridisierung (FISH) nicht mehr wegzudenken.

Es wurden nicht nur Farbstoffe und Methoden zur Untersuchung von Strukturen entwickelt, sondern auch solche, mit denen man unterschiedliche Metaboliten und Ionen in lebenden Zellen messen kann. Ein bekanntes Beispiel ist etwa Fura-2 zur Bestimmung der Konzentration von Ca^{2+}-Ionen und deren Dynamik. Die Fluoreszenzparameter sowohl zur Anregung als auch für die Emission dieser Verbindung verändern sich, wenn Kalziumionen an das Molekül binden. Man kann diese Veränderungen über eine Kalibration quantitativ in absolute Konzentrationen umrechnen (Ratio-Farbstoffe). Solche Indikatoren sind mittlerweile für eine ganze Serie weiterer Ionen und Metaboliten verfügbar. Und die komplizierte und invasive Methode der Injektion der Farbstoffe in lebende Zellen konnte durch die Entwicklung von zellwandgängigen Derivaten umgangen werden, sodass das lebende Objekt in seinen natürlichen Zuständen unbeeinflusst bleibt.

Neben organischen Verbindungen wurden mittlerweile auch kleine Halbleiterpartikel (*quantum dots*) entwickelt, die ein sehr breites Anregungsspektrum haben und deren Emissionsfarbe über die Größe und die Zusammensetzung gesteuert werden kann. Noch nicht zufriedenstellend gelöst sind allerdings die Fragen zur Biokompatibilität und die Haltbarkeit der Verbindung zu den Antikörpern, die ja eine wesentliche Voraussetzung für die spezifische Markierung sind.

Die neueste Entwicklung in diesem Reigen sind Fluoreszenzfarbstoffe, die die lebende Zelle selbst synthetisieren kann. Ein Protein, das natürlicherweise in Quallen und anderen marinen Lebewesen vorkommt, zeigt eine natürliche Fluoreszenz im sichtbaren Bereich des Spektrums: das grün fluoreszierende Protein (*green fluorescent protein*, GFP). Ursprünglich wurde es aus der Qualle *Aequorea* extrahiert. Sein triumphaler Erfolg begann, als es M. Chalfie (1994) gelang, die zugehörige DNA-Sequenz in das Genom lebender Zellen zu klonieren. Durch geschickte genetische Manipulationen kann man nun nicht nur die Expression spezifischer Proteine in lebenden Zellen verfolgen, sondern auch Strukturentwicklungen und Kompartimentierungen in lebenden Systemen während der Entwicklung sichtbar machen und verfolgen. Lebende Zellen können mit Fluoreszenzmethoden untersucht werden, ohne dass dazu ein Eingriff von außen nötig ist – und dasselbe gilt natürlich auch für ganze Organismen. So war eine der jüngsten Sensationen ein Bericht über ein GFP-Schwein, das eine grün schimmernde Haut und grün leuchtende Augen hat. Die Anwendung dieser Methode kennt offenbar keine Grenzen.

Mittlerweile ist eine lange Liste von fluoreszierenden Proteinen in allen möglichen Farben erhältlich – mit ganz unterschiedlichen Sekundärtechniken, mit denen man nicht nur Strukturen, sondern auch dynamische Änderungen und Prozesse in lebenden Zellen verfolgen kann. Man kann nun dem Leben selbst bei seinen heimlichsten zellulären Tätigkeiten zusehen.

Literatur

1845 Herschel JFW: On a case of superficial colour presented by a homogeneous liquid internally colourless. Philos Trans R Soc Lond 135:143–145. *(Frühe Originalarbeit zum Phänomen der Fluoreszenz)*

1852 Stokes GG: On the change of refrangibility of light. Philos Trans R Soc Lond 142:463–562. *(Originalarbeit zum Thema)*

1904 Köhler A: Mikrophotographische Untersuchungen mit ultraviolettem Licht. Z Wiss Mikrosk 21:55. *(Erste Versuche in der Mikroskopie)*

1934 Haitinger M: Die Methoden der Fluoreszenzmikroskopie. In: Abderhalden E (Hrsg) Abderhaldens Handbuch der Biol Arbeitsmethoden. Abt II, Teil 2. Urban und Schwarzenberg, Berlin. *(Ausführliche Beschreibung der Instrumentation, Färbung und Aufzeichnung von Fluoreszenz in der Mikroskopie, Stand der Zeit)*

1935 Jablonski A: Über den Mechanismus der Photolumineszenz von Farbstoffphosphoren. Z Phys 94:38–46. *(Originalarbeit zu den Energiezuständen angeregter Spezies)*

1941 Coons AH, Creech HJ, Jones RN: Immunological properties of an antibody containing a fluorescent group. Proc Soc Exp Biol Med 47:200–202. *(Originalarbeit zur Immunfärbetechnik)*

1969 Gall JG, Pardue ML: Formation and detection of RNA-DNA hybrid molecules in cytological preparations. Proc Natl Acad Sci USA 63:378–383. *(Originalarbeit zur Fluoreszenz-*in-situ*-Hybridisierung [FISH])*

1994 Chalfie M, Tu Y, Euskirchen G et al: Green fluorescent protein as a marker for gene expression. Science 263:802–805. *(Originalarbeit zu fluoreszierenden Proteinen)*

3 Konfokale Mikroskopie

Fast jede neue Technologie beansprucht für sich, das Gebiet, auf dem sie eingesetzt wird, wieder einmal revolutioniert zu haben. Meist stimmt das auch – zumindest aus der Sicht der Zeitgenossen. Im Laufe der Zeit verblasst dann oft die anfängliche Begeisterung, und die Technik wird so zur Routine, dass man sich das Leben ohne gar nicht mehr vorstellen kann. Bildlich gesprochen geht der Kontrast verloren und die Bedeutung der Neuerung wird fast unsichtbar.

Die konfokale Mikroskopie hat eine entgegengesetzte Entwicklung hinter sich. Eine ganz frühe Veröffentlichung von Naora aus dem Jahre 1951 beschreibt ein photometrisches Verfahren, in dem bereits ein konfokaler Strahlengang verwendet wird. Allerdings konnten damals noch keine Bilder erzeugt, sondern nur Werte punktweise gemessen werden – daraus ein Bild von Hand zusammenzusetzen, wäre zwar möglich gewesen, hätte aber doch einer ganz außergewöhnlichen Geduld bedurft. Sechs Jahre nach Naoras Veröffentlichung meldete M. Minsky ein Patent an, das ein bilderzeugendes konfokales Mikroskop beschreibt. Für über zehn Jahre ruhte dann diese Idee, um erst 1969 wieder zum Vorschein zu kommen. P. Davidovits und M. D. Egger veröffentlichten die ersten Bilder, die mit einem Laserscanning-Mikroskop aufgenommen wurden. Zunächst waren Reflexionsbilder von silbergefärbten Hirnpräparaten Gegenstand der Untersuchungen, die hatte schon Minsky bei seinen Konzepten im Visier. Bald war aber klar, dass diese Form der Mikroskopie in Verbindung mit Fluoreszenzpräparaten eine größere Verbreitung finden würde. Dennoch fanden die großen Mikroskophersteller zunächst kein Interesse an diesem Verfahren – ein Unternehmen aus der Branche der Diagnose- und Laborchemikalien (BioRad, Kalifornien) brachte das erste kommerziell erhältliche konfokale Laserscan-Mikroskop auf den Markt. Bis 1990 zogen die bekannten Marken nach, und heute ist diese Technologie aus keinem Labor der biomedizinischen Forschung mehr wegzudenken.

3.1 Das Motiv

Der Begriff „konfokal" wurde 1977 von C. J. R. Sheppard eingeführt. Damit wird recht genau der optische Aufbau beschrieben, nämlich das Zusammen-

R. T. Borlinghaus, *Konfokale Mikroskopie in Weiß*, DOI 10.1007/978-3-662-49359-5_3

treffen („kon-") der Beleuchtungs- und Beobachtungsbrennpunkte („-fokal"), aber der Zweck bleibt mit dieser Bezeichnung noch im Unklaren. Was ist nun der große Vorteil des konfokalen Mikroskops gegenüber herkömmlichen Geräten, die man diskriminierend „Weitfeldmikroskope" nennt?

Ein optisches Abbildungssystem, etwa ein Kameraobjektiv oder ein Mikroskop, zeigt scharf abgebildete Strukturen stets nur in einer begrenzten Tiefe. Davor und dahinter ist das Bild unscharf. Das trifft auch auf unser Auge zu, aber unser Gehirn hat raffinierte Verfahren entwickelt und nimmt die unscharfen Bildbestandteile einfach nicht wahr. Wir leiden also alle notorisch an selektiver Wahrnehmung. Das fällt uns erst auf, wenn wir eine fotografische Aufnahme machen und erstaunt bemerken, dass doch große Teile des Bildes unscharf wirken – wo wir doch sehr sorgfältig fokussiert hatten. Streng genommen ist nur eine beliebig dünne Schicht senkrecht zur Blickrichtung scharf abzubilden. Aber auch das Auge hat glücklicherweise nur eine begrenzte Auflösung, und wir tolerieren alles als scharf, wenn das Auge die Unschärfe nicht auflösen kann. In der Mikroskopie ist der scharf abgebildete Bereich meist sehr klein, weil man für hohe Auflösungen Objektive mit großer Öffnung benutzen möchte – die Schärfentiefe verringert sich aber mit dem Quadrat der numerischen Apertur! Oft überstreicht deshalb der scharf abgebildete Bereich nur Bruchteile eines Mikrometers. Das widerspricht dem Wunsch des Biologen, möglichst zusammenhängende Strukturen zu untersuchen – am besten noch lebend. Ultradünnschnitte ergeben zwar sehr schöne Bilder, sagen aber nichts über dreidimensionale Korrelationen aus und sind methodenbedingt nur Schnappschüsse zum Zeitpunkt der Präparation. Am liebsten möchte man in ein lebendes Tier hineinschauen, um zu verstehen wie die einzelnen Organe funktionieren. Einige Methoden sind inzwischen für solche Experimente entwickelt worden. Ganz typisch dafür sind auch hier Fluoreszenzfärbungen, etwa fluoreszierende Proteine, die beispielsweise die elektrische Aktivität an lebenden Nervenzellen im intakten Gehirn sichtbar machen. Sind die gefärbten Objekte in einem dicken Präparat sehr dicht, dann wird die scharf abgebildete Ebene völlig von unscharfen Schichten verdeckt: Man sieht vor lauter Wald die Bäume nicht mehr. Das konfokale Mikroskop schafft hier ganz vorzüglich Abhilfe, weil es auf optischem Wege nur die scharfe Schicht aus dem Unschärfe-Wald herausschneidet, wie man in Abb. 3.1 gut erkennen kann. Darum wird es gelegentlich auch als „Schichtschnittmikroskop" oder „optisches Mikrotom" bezeichnet. Neben der konfokalen Abbildung gibt es noch weitere Verfahren, den Schärfebereich optisch zu separieren. Dazu gehören das Multiphotonenmikroskop (Abschn. 3.4) und das Lichtblattmikroskop (Abschn. 2.2.5).

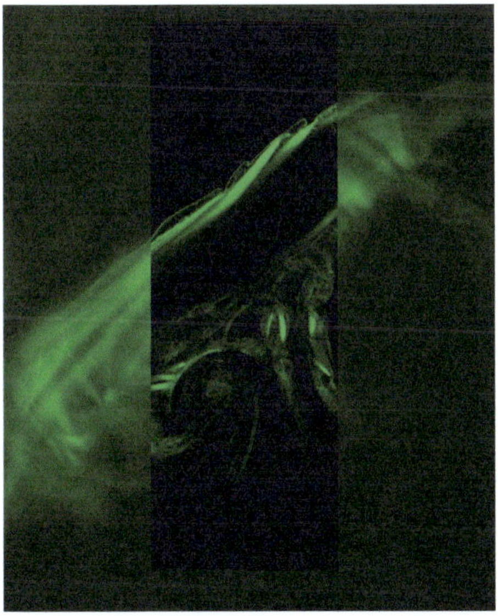

Abb. 3.1 Larve eines fluoreszenzgefärbten marinen Ruderfußkrebses (Copepode). Präparat freundlicherweise zur Verfügung gestellt von Dr. Doris Körtje. Es wurde zunächst mit einem Weitfeldmikroskop aufgezeichnet (*äußerer Bereich*). Durch die Überlagerung vieler unscharfer Ebenen wirkt das Tier verschwommen und wenig kontrastreich. In einem ausgewählten Bereich wurde dann umgeschaltet auf konfokale Mikroskopie. Der helle Hintergrund verschwindet, und es werden einzelne Strukturen deutlich erkennbar. Es ist, als ob ein Fenster geöffnet wurde. Wenn man den Fokusknopf betätigt, kann man in diesem Bereich wie mit einem Fahrstuhl die unterschiedlichen Ebenen anfahren und die Strukturen im Inneren des Tieres ansehen

3.2 Das Prinzip

In einem „gewöhnlichen" Mikroskop möchte man ein möglichst großes Sehfeld gleichzeitig und gleichmäßig ausleuchten – für die Gleichmäßigkeit wird das Köhler'sche Beleuchtungsverfahren eingesetzt. Große Sehfelder verschaffen einen guten Überblick und vermeiden das Gefühl, durch ein Schlüsselloch gucken zu müssen. Auch in der konfokalen Mikroskopie möchte man Bilder aus großen Sehfeldern erzeugen, aber die Aufnahme kann nicht gleichzeitig, sondern muss Punkt für Punkt entstehen.

Mit konfokal ist gemeint, dass sowohl die Beleuchtung als auch die Beobachtung jeweils fokussiert stattfinden. Es wird also ein möglichst kleiner Punkt beleuchtet, und auch das Beobachtungsauge schaut nur fokussiert auf diesen möglichst kleinen Punkt. In der geometrischen Optik ist der Schnittpunkt zweier Strahlen beliebig klein. Das wird in der Wirklichkeit durch die Welleneigenschaften des Lichtes leider vereitelt, man erhält als kleinstmögliche Struktur die schon mehrfach erwähnte Punktverwaschungsfunktion. Bei der Überlagerung einer punktförmigen Beleuchtung mit einer punktförmigen Beobachtung wird das Licht räumlich gefiltert, was ja der Anspruch an dieses doch recht aufwendige Verfahren ist. Wie dieser Raumfilter funktioniert, soll im Folgenden illustriert werden.

3.2.1 Punktbeleuchtung

Zunächst soll also ein beugungsbegrenzter Lichtfleck zur Beleuchtung erzeugt werden (Abb. 3.2). Man kann das mit herkömmlichen Lichtquellen erreichen, indem man zunächst mit einer großen Sammellinse einen möglichst großen Teil des Lampenlichtes „aufsammelt". Um auch Licht verwenden zu können, das in die entgegengesetzte Richtung abgestrahlt wird, fokussiert man mit

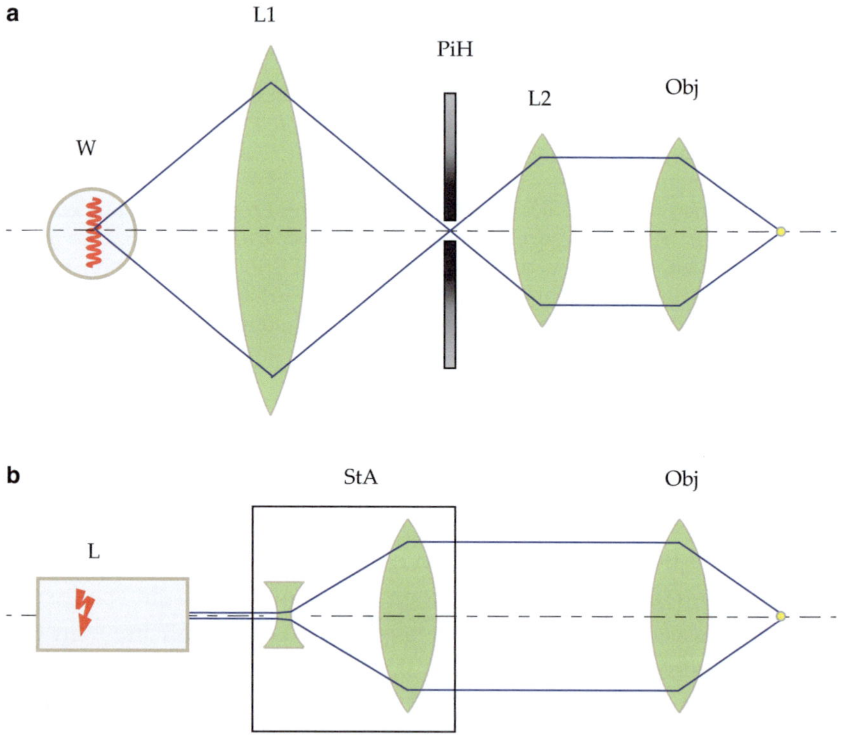

Abb. 3.2 Beleuchtung eines beugungsbegrenzten Flecks. **a** Mit konventionellen Lichtquellen: Das Licht aus einer Glüh- oder Bogenlampe (*W*) wird mit einer Linse (*L1*) auf ein Pinhole (*PiH*) fokussiert. Der hindurchtretende Teil wird mit einer weiteren Linse (*L2*) parallelisiert und so in die optische Achse des Mikroskops eingekoppelt, dass die Pupille des Objektivs (*Obj*) homogen ausgeleuchtet werden kann. **b** Mit einem Laser (*L*) als Lichtquelle muss der Strahl durch eine Strahlaufweitungsoptik (*StA*) aufgeweitet werden und kann direkt in die Pupille des Objektivs eingekoppelt werden

einem sphärischen Reflektor dieses Licht in die Lampe zurück. Es ist offenkundig, dass bereits hier ein großer Teil der Lichtenergie verloren geht. Da eine Lampe keine punktförmige Lichtquelle ist – und deshalb auch kein beugungsbegrenzter Fleck als Bild erzeugt werden kann –, muss das Lampenbild auf eine sehr kleine Blende fokussiert werden, die optisch wie ein Punkt wirkt. Man nennt solche kleinen Blenden „Pinhole", was man etwa mit „Nadelstichblende" übersetzen kann. An dieser Lochblende geht der größere Teil des Lichtes verloren. Da fast alle modernen Mikroskope mit sogenannter „Unendlich-Optik" ausgerüstet sind, wird das von der Nadelstichblende ausgehende Licht durch eine weitere Linse parallelisiert und kann dann die Pupille des beleuchtenden Objektivs gleichmäßig ausfüllen. Das Objektiv erzeugt dann den gewünschten beugungsbegrenzten Fleck in der hinteren Brennebene aus Sicht der Beleuchtung. Das ist die vordere Brennebene des Objektivs und in Mikroskopen mit Unendlich-Optik auch gleichzeitig die Fokusebene.

Sehr viel effizienter und einfacher ist so ein beugungsbegrenzter Fleck zu erzeugen, wenn man Laser als Lichtquelle verwendet. Laser emittieren nur in eine einzige Richtung, das Licht ist also inhärent parallel und der Laserstrahl enthält alle Lichtenergie, die das Gerät aussendet. Hinzu kommt, dass ein Laser eine wesentlich hohere Lichtausbeute hat – im Vergleich zu einer Glühlampe oder einer Bogenlampe. Um den Fleck beugungsbegrenzt klein zu machen, muss allerdings der meist nur wenige Millimeter messende Laserstrahl auf einen Durchmesser aufgeweitet werden, mit dem man die Objektivpupille gleichmäßig ausleuchten kann. Wird die Pupille nur unvollständig ausgeleuchtet, dann verhält sich dies wie eine kleinere Pupille, also wie eine kleinere Apertur, und bewirkt damit eine schlechtere Auflösung. Da das Intensitätsprofil eines Lasers nicht linear ist (es hat eine Gauß-Charakteristik), muss an dieser Stelle etwas Energie verschwendet werden: Der Strahl muss einen größeren Durchmesser haben als die Pupille selbst. Die Pupille wird „überleuchtet".

Der erste Laser emittierte Licht im Jahre 1960 in den Hughes Research Laboratories in Kalifornien. Schon 1970 wurden Laser für frühe Laborversionen von konfokalen Mikroskopen eingesetzt. Die rasante Entwicklung und Reifung der konfokalen Technologie korreliert nicht nur zufällig mit der Entwicklung der Lasertechnologie. Heute sind wohl alle konfokalen Mikroskope mit Lasern ausgerüstet.

Wird nun im Präparat ein beugungsbegrenzter Fokus erzeugt, dann muss das Licht natürlich auch über und unter der Fokusebene das Präparat durchdringen (Abb. 3.3). Dort ist das Licht defokussiert. In guter Näherung nimmt die Lichtintensität aus geometrischen Gründen quadratisch mit dem Abstand von der Fokusebene ab. In der Nähe des Fokus weicht die Intensitätsverteilung von diesem geometrischen Verlauf allerdings stark ab, verursacht durch

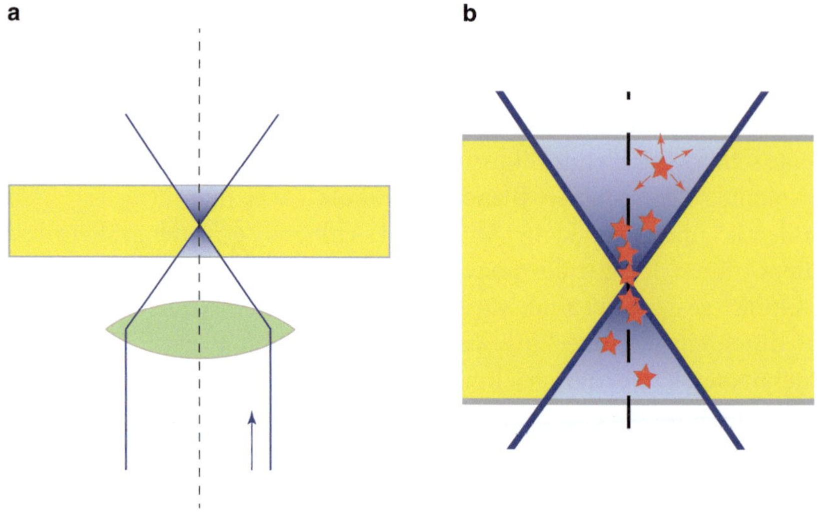

Abb. 3.3 a Anregungsverteilung (*blau*) bei punktförmiger Beleuchtung im Präparat (*gelb*). Da der Lichtstrom über einen horizontalen Querschnitt in Summe immer gleich sein muss, findet man die höchste Lichtintensität im Brennpunkt. Darüber und darunter nimmt die Intensität mit dem Quadrat des Abstandes von der Fokusebene ab. **b** Fluoreszenzmoleküle werden auch in den Defokusregionen angeregt und Emission wird ausgelöst. Das Emissionslicht wird von jedem fluoreszierenden Molekül in der Regel in alle Raumrichtungen abgestrahlt

die Welleneigenschaften des Lichtes. Im Brennpunkt selbst müsste ja nach den geometrischen Verhältnissen der Durchmesser der durchstrahlten Fläche null werden und damit die Intensität unendlich hoch. Die Abweichung von der Geometrie wird durch die schon erwähnte Punktverwaschungsfunktion in allen drei Dimensionen beschrieben.

Auch in den defokussierten Bereichen findet natürlich eine Anregung der Fluoreszenzmoleküle statt und in der Folge werden auch Photonen aus diesen Bereichen emittiert, die das Bild aus dem Fokus überlagern.

3.2.2 Punktbeobachtung

Im nächsten Schritt betrachten wir die Wirkung des Objektivs, das alles Licht einsammelt, welches in die Öffnung eintritt. Es ist so gestaltet, dass von der fokussiert beleuchteten Präparatestelle ein reelles Zwischenbild erzeugt wird (Abb. 1.7). In diesem Zwischenbild erscheint daher der beleuchtete Fleck aus der Fokusebene wieder als Fleck. Licht aus anderen Ebenen des Präparates wird nicht in der Zwischenbildebene fokussiert, sondern nach den Gesetzen der geometrischen Optik in Ebenen oberhalb und unterhalb des Zwischenbildes. Daher erscheint das Licht aus extrafokalen Ebenen im Zwischenbild als unscharfe Kreisfläche. Ein Detektor würde ein Bild nachweisen, in dem die scharf abgebildeten Strukturen aus dem Präparat mit den extrafokalen Signalen gemischt sind, der Kontrast wird vermindert bis hin zu einer völligen Verschleierung des gewünschten Bildes aus der Fokusebene. Es ist durch eine punktförmige Beleuchtung also noch gar nichts gewonnen. Nur der Aufwand, ein Bild zu erzeugen, ist dramatisch angestiegen.

Der Trick besteht nun darin, die Abbildung wirklich konfokal zu machen. Und das ist ausgesprochen einfach, fast möchte man es banal nennen: Ebenso wie auf der Beleuchtungsseite eine kleine Blende, das Pinhole, für eine punktförmige Lichtquelle sorgt, lässt sich auf der Detektionsseite durch eine ebensolche Blende ein punktförmiger Detektor realisieren. Da sich Licht in der Regel symmetrisch verhält, gelten für einen solchen Strahlengang der Detektion natürlich dieselben Gesetze wie für die Beleuchtung: Die Empfindlichkeitsverteilung des Detektors ist identisch mit der Punktverwaschungsfunktion der

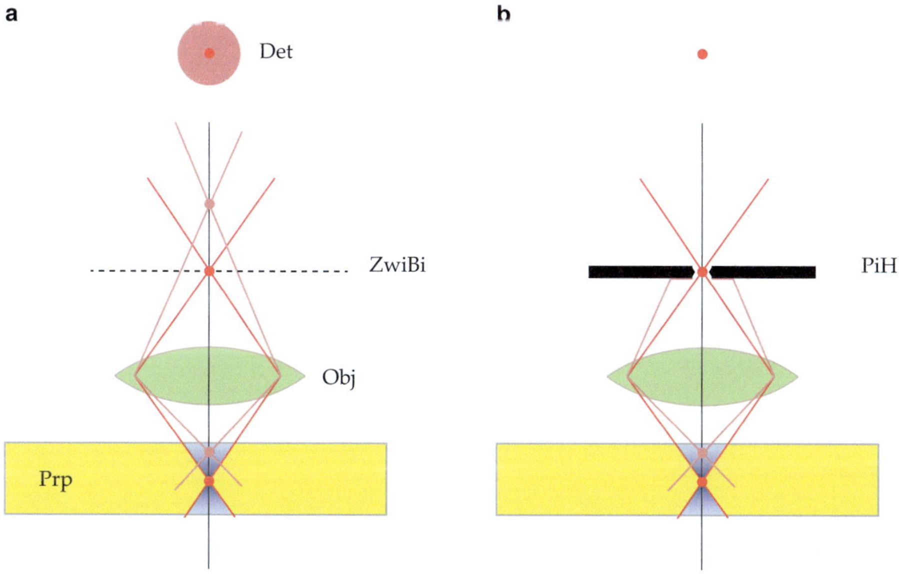

Abb. 3.4 **a** Im Präparat (*Prp*) wurde ein Punkt beleuchtet, weshalb in einem doppelkegelförmigen Gebiet (*blau*) Fluoreszenz angeregt wurde und Photonen emittiert werden. Licht aus dem Fokus (*dunkelroter Punkt*) wird vom Objektiv als Punkt in das Zwischenbild (*ZwiBi*) abgebildet. Licht von oberhalb der Fokusebene (*rosa Punkt*) ist im Zwischenbild als stark defokussierter Kreis zu sehen, da das Bild oberhalb der Zwischenbildebene entsteht. (Gleiches gilt für Punkte unterhalb der Fokusebene.) Ein Detektor (*Det*) würde ohne weitere Maßnahmen beide Signale überlagern, und die scharfe Abbildung wäre durch den unscharfen Hintergrund verschleiert. **b** Durch Einfügen eines Pinholes (*PiH*) in der Zwischenbildebene kann das Licht aus dem Fokus noch auf den Detektor gelangen, Licht aus extrafokalen Ebenen wird blockiert (Raumfilter)

Beleuchtung. Es ist also nichts weiter zu tun, als eine Pinholeblende in die Zwischenbildebene einzusetzen, zentriert auf die optische Achse.

Anhand Abb. 3.4 lässt sich die Wirkung eines solchen „Detektionspinholes" verstehen. Die kräftig rot durchgezogenen Strahlen stehen für Licht aus der Fokusebene. Da die Optik so konstruiert ist, dass ein Punkt aus der Fokusebene wieder in einen Punkt im Zwischenbild abgebildet wird, passiert alles Licht aus solch einem Objektpunkt das Pinhole. Photonen aus dem Schärfebereich können ohne Abschwächung auf den Detektor gelangen. Ganz anders verhält es sich, wenn wir einen Punkt oberhalb oder unterhalb der Fokusebene betrachten. Dieser Punkt ist in der Zwischenbildebene ja ein großer Unschärfekreis. Die kleine Blende lässt von diesem Kreis aber nur einen verschwindend geringen Anteil hindurch. Die unscharfen Bildbeiträge werden durch das Pinhole effizient weggefiltert. Darum spricht man hier auch von einem „Raumfilter". So einfach das Prinzip ist, so wirkungsvoll ist es dennoch. In Abb. 3.1 ist ein Vergleich von Bildern mit und ohne Detektionspinhole zu sehen. Das Ergebnis ist wirklich frappierend.

3.3 Das Rasterbild

So ein einfaches Prinzip hat natürlich seinen Preis. Da stets nur ein einzelner Punkt beleuchtet und betrachtet wird, muss man diesen Punkt in zwei Dimensionen über das Präparat führen, wenn ein flächiges Bild entstehen soll. Bei den meisten technischen Ausführungen bewegt sich dieser Punkt zu langsam, um von Auge und Gehirn als Bild zusammengesetzt werden zu können – wie man das beispielsweise von früheren Fernsehbildschirmen erwarten musste. So spezifiziert die PAL-Norm für das Fernsehen Vollbilder mit 625 Zeilen bei 25 Hz Bildwiederholfrequenz. Daraus folgt eine Zeilenfrequenz (Horizontalfrequenz) von 16 kHz.

3.3.1 Aufzeichnung

Um „live" Bilder betrachten zu können, wurden verschiedene Systeme konzipiert, meist mit einem Ansatz, der durch Parallelisierung des konfokalen Prinzips gleichzeitig viele Punkte beleuchten und abbilden soll. Das können scheibenförmige Matrizen wie bei einem *spinning disk*-Mikroskop sein oder Geräte, die keine dimensionslosen Punkte, sondern eindimensionale Zeilen beleuchten und aufzeichnen. Diese Verfahren sind nicht streng konfokal, und das Leistungsverhalten bezüglich der Qualität der optischen Schnitte wird deshalb reduziert. Hinzu kommt, dass für wissenschaftliche Zwecke (und auch zur Unterhaltung!) mikroskopische Bilder aufgezeichnet werden sollen. Dazu werden wieder Kameras oder parallele Detektoren eingesetzt, die ein Monitorbild erzeugen. Es spricht also nichts dagegen, echte konfokale Mikroskopie mit einem einzigen Punkt zu betreiben und die Bilder von vornherein auf dem Monitor zu betrachten.

Um dennoch schnelle Bildfolgen erzeugen zu können, wie das für die Biologie lebender Objekte auch wissenschaftlich erforderlich ist, kann man moderne resonante Strahlscansysteme einsetzen, die Zeilenfrequenzen von derzeit (Stand 2016) etwa 12 kHz anbieten. Die Aufnahme kann dabei in beiden Bewegungsrichtungen erfolgen, also mit 24 kHz. Zusätzlich lässt sich durch Beschränkung der Zeilenzahl pro Bild die Wiederholfrequenz weiter erhöhen.

Da bei der wahren konfokalen Mikroskopie stets nur die Intensität eines einzelnen Punktes nachgewiesen werden muss, lassen sich hier auch Detektoren verwenden, die nur eine integrale Intensität wahrnehmen – im Gegensatz zu Kamerachips oder anderen Detektor-Arrays. Üblicherweise werden Photoelektronenvervielfacher-Röhren (*photomultiplier tubes*, PMT) eingesetzt. Für spezielle Anwendungen benutzt man Lawinen-Photodioden (*avalanche photodiodes*, APD). In letzter Zeit sind Hybriddetektoren (HPD) entwickelt worden, die die guten Eigenschaften von PMT und APD vorteilhaft vereinen (siehe auch Abschn. 9.1).

Während das Präparat zeilenweise abgetastet wird, entsteht am Detektor ein sich zeitlich änderndes elektrisches Signal, das proportional zur Helligkeit an den Messorten ist (Abb. 3.5). Zwischen den Zeilen entsteht eine „Ab-

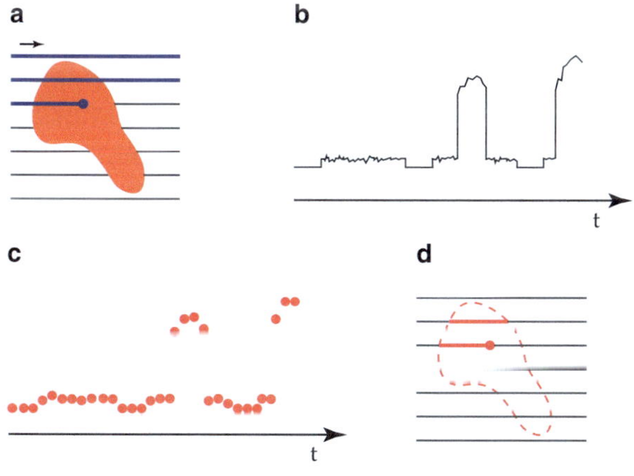

Abb. 3.5 **a** Ein Rasterbild entsteht durch Abtasten des Präparates mit dem Lichtpunkt. **b** Dabei wird ein zeitlich variables elektrisches Signal erzeugt, das die Helligkeit kodiert. **c** Dieses elektrische Signal wird in digitale Information umgewandelt (digitalisiert). **d** Damit kann ein zweidimensionaler Bildspeicher so beschrieben werden, dass die Bildpunkte mit den originalen Positionen im Präparat synchronisiert sind. Es entsteht dabei ein Pixelbild der ursprünglichen Helligkeitsverteilung im Objekt

tastlücke", bei der der Ausgabewert auf null gesetzt wird. Dieses Signal wird digitalisiert und dann in einem elektronischen Speicher so abgelegt, dass die Helligkeitswerte (Grauwerte oder Photonenzahlen) den korrekten *x*- und *y*-Koordinaten zugeordnet sind. Es entsteht auf diese Weise ein elektronisches Pixelbild, wie es von einer digitalen Kamera bekannt ist, mit dem Unterschied, dass die Pixel nicht parallel, sondern seriell aufgezeichnet werden. Die Zahl der Bildelemente pro Zeile und die Zahl der Zeilen pro Bild müssen bei gegebenem Sehfeld den Auflösungsverhältnissen der Optik angepasst sein, wenn keine Detailinformation verloren gehen soll. Üblicherweise werden die Bildelemente halb so groß wie die optische Auflösung eingestellt. Die Zahl der Bildelemente ist bei den meisten Geräten variabel und überstreicht einen Bereich von etwa 100×100 bis 8000×8000 Bildelementen (entsprechend 0,01 bis 64 Megapixel).

3.3.2 Scanverfahren

Die Aufgabe, den Lichtfleck zeilenweise über das Präparat zu führen, lässt sich auf verschiedene Weise lösen. Eine Möglichkeit wäre, die optische Konstruktion zu fixieren und einfach das Präparat zeilenweise unter dem stationären Lichtfleck hindurchzuführen. Solche „Objekt-Scanning"-Verfahren sind tatsächlich auch realisiert worden. Man kann dabei die Ansprüche an die Optik entlasten, da das Sehfeld nur aus einem zentralen Punkt besteht, in dem die Abbildung dann maximal korrigiert werden kann. Der Nachteil ist freilich, dass man das Objekt nun sehr präzise bewegen muss, und zwar im Bereich von kleinen Bruchteilen von Mikrometern. Weiter haben das Präparat und die Tischhalterung eine erhebliche Masse, weswegen die Geschwindigkeiten der Bewegung deutlich eingeschränkt werden. Ein Bild mit 1000 Zeilen aufzunehmen, dauert dann viele Sekunden. Hinzu kommt, dass man etwa eine Petrischale mit flüssigem Inhalt nicht in dieser Weise bewegen kann, ohne dass die Flüssigkeit das Mikroskop überflutet.

Sinnvoller ist daher, die Richtung der Beleuchtung (und der Beobachtung) zu ändern. Das ist die Richtung des kleinen blauen Pfeils in Abb. 3.3a. Ändert sich die Richtung dieses Pfeils, dann bleibt der Brennpunkt in der Fokusebene, aber die Position in *x* oder *y* in der Brennebene wird verändert (zur Erinnerung siehe auch Abb. 1.3). Hier wäre der grobe Ansatz wieder, die Lichtquelle selbst zu bewegen – das ist natürlich noch unsinniger als die Bewegung des Präparates. Aus diesem Grund werden nahezu alle Geräte heute mit sogenannten Strahlscansystemen ausgerüstet. In einem Strahlscansystem wird die Richtung der Lichtstrahlen durch Ablenkspiegel so gesteuert, dass sich der Strahl in der Eintrittspupille der Beleuchtungsoptik dreht. Dadurch wird die Pupille immer vollständig ausgeleuchtet, und es treten weder Abschattungen noch

Auflösungsverluste ein. Die beiden Ablenkspiegel für die horizontale und vertikale Ablenkung im Bild werden dabei durch sogenannte „Galvo-Scanner" bewegt und sind in einem Rastermodul zusammengefasst. Im Prinzip sind Galvo-Scanner Elektromotoren, bei denen die Achse an einer Seite fest montiert ist und durch die elektromagnetischen Kräfte verdrillt wird. Der Spiegel, der auf dem freien Ende montiert ist, kann dadurch um seinen Nullpunkt um einen Winkelbereich verstellt werden. So kann man den Strahl sehr schnell in seiner Richtung ändern. Kommerzielle Einsätze finden solche Geräte in Laserdruckern und Scannern für Lasershows.

Da die konfokale Mikroskopie nur für Auflichtverfahren eingesetzt wird, kann man das Rastermodul zwischen Strahlteilung und Objektiv einsetzen. Dann wird mit denselben Spiegeln sowohl die Beleuchtungs- als auch die Beobachtungsrichtung gleichzeitig verändert, und oberhalb des Scanmoduls ist der Strahl in beiden Richtungen stationär. Die konfokale Anordnung wird also ständig korrekt beibehalten, und das Pinhole braucht in seiner Position nicht nachgeführt zu werden (siehe dazu auch Abb. 3.9).

3.3.3 Schichtdicke

Wir haben mit dem konfokalen Mikroskop jetzt ein optisches Mikrotom. Die erste Frage lautet: Wie dünn können die optischen Scheibchen sein, die mit solch einem Instrument aus dem Präparat herausgeschnitten werden? Dazu gibt es reichlich Theorie, wir wollen uns hier aber auf ein paar praktische Anmerkungen beschränken.

Offensichtlich hängt der Tiefenbereich, der mit einem konfokalen Mikroskop erfasst wird, vom Durchmesser des Pinholes ab. Ist das Pinhole ganz offen, entspricht dieser Tiefenbereich demselben, den man mit einem gewöhnlichen Weitfeldmikroskop auch erfassen würde. Für ein ideales Mikroskop wäre das ein unendlich großer Tiefenbereich. Wird das Pinhole zunehmend kleiner, dann verringert sich der wahrgenommene Tiefenbereich zunächst linear, wie man anhand der Abb. 3.6 klar erkennen kann. Ab einer bestimmten Größe des Pinholes, kann diese Linearität aber nicht fortgesetzt werden, weil Beugungsphänomene in den Vordergrund treten. Für beliebig kleine Pinholedurchmesser werden die optischen Schnitte demnach nicht beliebig dünn, sondern streben einem beugungsbegrenzten Wert zu. Aus demselben Grund kann ja auch die laterale Auflösung nicht beliebig hoch werden. Ebenso hat die Intensitätsverteilung keine exakten unstetigen Grenzen, sondern zeigt einen glockenförmigen Verlauf in der z-Richtung, ganz ähnlich der Airy-Verteilung aus Abb. 1.14b, weshalb auch hier die Halbwertsbreite der übliche Parameter ist, mit dem die Schichtdicken beschrieben werden.

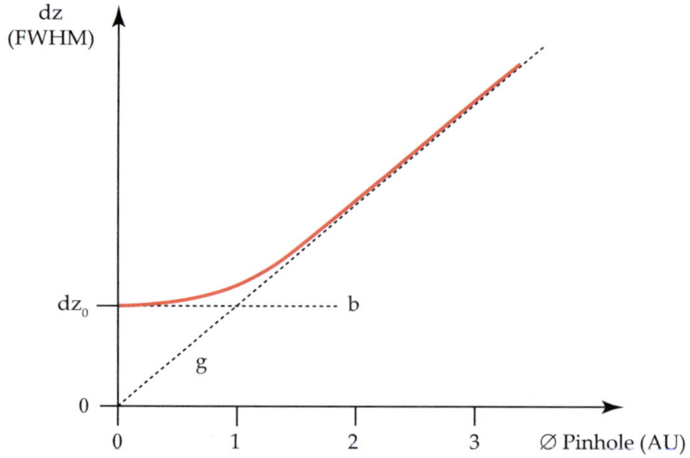

Abb. 3.6 Abhängigkeit (schematisch) der Schichtdicke *dz* (aufgezeichneter Tiefenbereich als „full width half maximum", FWHM) vom Durchmesser der Nadelstichblende. Für sehr kleine Durchmesser (∅ → 0) nähert sich *dz* dem beugungsbegrenzten Minimum dz_0 (*gestrichelte Linie b*). Für große Durchmesser vergrößert sich die Schichtdicke linear, entsprechend der geometrischen Optik (*gestrichelte Linie g*). Der Übergang liegt bei einem Durchmesser von etwa 1 AU

Mit „AU" (Airy-Unit) ist hier der Durchmesser des inneren Beugungsscheibchens in der horizontalen Ebene gemeint. Wenn das Pinhole auf 1 AU eingestellt ist, wird gerade dieses Airy-Scheibchen durchgelassen.

Der dünnste optische Schnitt wird also von den Beugungsparametern wie Wellenlänge, numerischer Apertur und Brechungsindex des Mediums festgelegt. Man findet für den beugungsbestimmten Grenzfall die Abhängigkeit

$$dz_0 = \frac{0{,}64 \cdot \lambda}{n - \sqrt{n^2 - \mathrm{NA}^2}}. \tag{3.1}$$

Dabei bezeichnet λ die Anregungswellenlänge, n den Brechungsindex und NA die numerische Apertur. Man kann zahlenmäßig nachprüfen, dass sich diese Abhängigkeit für praktisch relevante Werte dieser Parameter recht gut durch eine einfachere Form annähern lässt:

$$dz_0 = \frac{n \cdot \lambda}{\mathrm{NA}^2}. \tag{3.2}$$

Auffällig ist hier, dass sich die Halbwertsbreite in der Tiefe mit dem Quadrat der numerischen Apertur verbessert – im Gegensatz zur lateralen Auflösung, wo die numerische Apertur nur einen linearen Einfluss hat. Sofort lässt sich daraus ableiten, dass für optische Schnitte noch wichtiger ist, möglichst hohe

Aperturen zu verwenden. Hinzu kommt, dass die Intensitätsverteilung offensichtlich in axialer und lateraler Richtung unterschiedlich ist: Näherungsweise ähnelt diese Struktur einem aufrecht gestellten *American Football* (Rotationsellipsoid). Dabei wird die Gestalt immer kugelähnlicher, je größer die Apertur ist, wobei das Verhältnis der Achsen nicht besser als etwa zweifach wird. Für kleine Aperturen wird aus dem Football aber ein langer Bleistift, mit Achsenverhältnissen von zehnfach und höher.

Aus Gl. 3.2 lässt sich auch abschätzen, dass die optischen Schnitte hier in der Praxis nicht dünner als 0,5 µm werden ($n = \text{NA} = 1$, $\lambda = 500$ nm), eben das Doppelte der lateralen Auflösung.

Ein Pinhole mit dem Durchmesser null ist freilich nicht praxisrelevant – das Bild wäre vollständig schwarz. Wie aus Abb. 3.6 zu erkennen ist, werden die optischen Schnitte kaum noch dünner, wenn das Pinhole kleiner als 0,6 AU ist. Hingegen nimmt die Intensität quadratisch mit dem Durchmesser ab, die Bilder werden folglich zunehmend „verrauschter". Andererseits steigt bei über 1 AU der Beitrag der extrafokalen Signale linear an. Dabei werden die Bilder zwar heller und sehen weniger verrauscht aus, aber man zerstört den teuer bezahlten konfokalen Effekt der optischen Schnittwirkung. In der Praxis hat man sich deshalb auf einen Standardwert für den Durchmesser des Pinholes bei 1 AU geeinigt. Natürlich lässt sich dies bei Bedarf jederzeit ändern.

3.3.4 Die dritte Dimension

Da nun Bilder entstehen, die nur die dünne, scharf abgebildete Schicht enthalten, lassen sich durch Abtasten des Präparates in axialer Richtung auch dreidimensionale Daten erzeugen. Dazu wird einfach nach jedem Bild der Fokus um einen bestimmten (sinnvollen) Betrag verändert und ein weiteres Bild aufgenommen. Ein sinnvoller Abstand ist – ebenso wie der Abstand der Bildelemente (Pixelgröße) – etwa die Hälfte der Schichtdicke. So wird jede Struktur zusammenhängend aufgezeichnet. Bei zu großem Abstand können die Strukturen nicht mehr zusammengeführt werden.

In einem so entstandenen „Bildstapel" kann man dann dreidimensionale Messungen ausführen, etwa Abstände im Raum, Ausdehnung komplexer Oberflächen oder Volumeninhalte von Kompartimenten. Wurden mehrere Fluoreszenzspezies aufgezeichnet, lassen sich auch strukturelle oder zeitliche Korrelationen zwischen den verschiedenen Spezies auswerten. Die Möglichkeiten, aus einem dreidimensionalen mehrkanaligen Bildstapel wissenschaftliche Messdaten zu extrahieren, sind nahezu unbegrenzt.

Ein Bildformat braucht in der Rastermikroskopie nicht quadratisch zu sein. Das Seitenverhältnis kann durch die Anzahl der Zeilen im Bild nahezu beliebig variiert werden. Ein Sonderfall ist dann ein Bild, das nur aus einer einzigen

Zeile besteht. Erzeugt man mit so einer Zeile einen dreidimensionalen Bildstapel, erhält man direkt einen Profilschnitt durch das Präparat. So wie man auch eine Salami vertikal in Scheiben schneidet.

Wie bereits in den ersten Anfängen der Mikroskopie ist auch hier die Dokumentation ein wichtiger Punkt zur Interpretation und Auswertung der Messdaten. Durch die dritte Dimension wird die Darstellung auf Papier etwas aufwendiger. Im einfachsten Fall wird man die Einzelbilder als Galerie nebeneinander anordnen. Es ist aber auch möglich, Projektionen in beliebigen Raumrichtungen zu berechnen. Dabei gibt es wiederum viele verschiedene Projektionsalgorithmen, die den Schwerpunkt auf unterschiedliche Aspekte legen. Eine der gebräuchlichsten ist die MIP (*maximum intensity projection*), bei der für jedes Element des Ergebnisbildes das hellste Volumenelement ent-

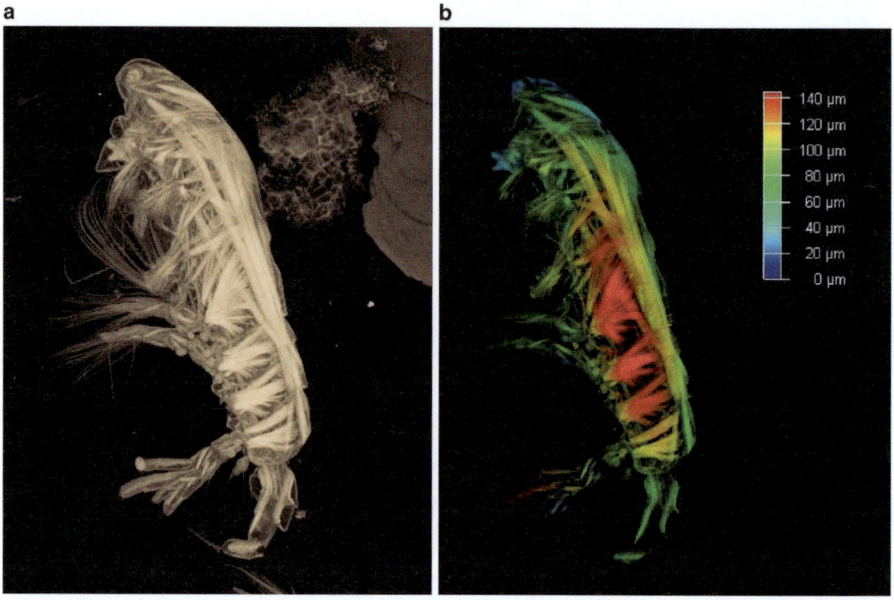

Abb. 3.7 **a** MIP (*maximum intensity projection*) eines Bildstapels vom gleichen Objekt wie in Abb. 3.1. Aus allen Ebenen wird der hellste Beitrag im Ergebnisbild dargestellt, das ist in der Regel auch eine Position im Fokus. So entsteht ein Bild, in dem alle Strukturen über den gesamten Fokusbereich scharf abgebildet werden (erweiterte Schärfentiefe). **b** eine ähnliche Projektion, wobei zusätzlich die Position des hellsten Strukturelementes durch Farben kodiert ist. So erhält man in einem Bild auch Information über alle drei Dimensionen. Die Skala *rechts* zeigt die Kodierung der Höhen. Das ist sehr ähnlich der Farbgebung in einem topographischen Atlas (wobei dort allerdings die Höhe durch die Erde-Luft-Grenze definiert ist). Durch eine andere Einstellung der Projektionsparameter sind im *linken* Bild andere Details zu sehen als im *rechten*. Damit wird auch klar, dass für eine zweidimensionale Projektion eines dreidimensionalen Objektes notwendigerweise immer ein großer Teil der Gesamtinformation verworfen werden muss

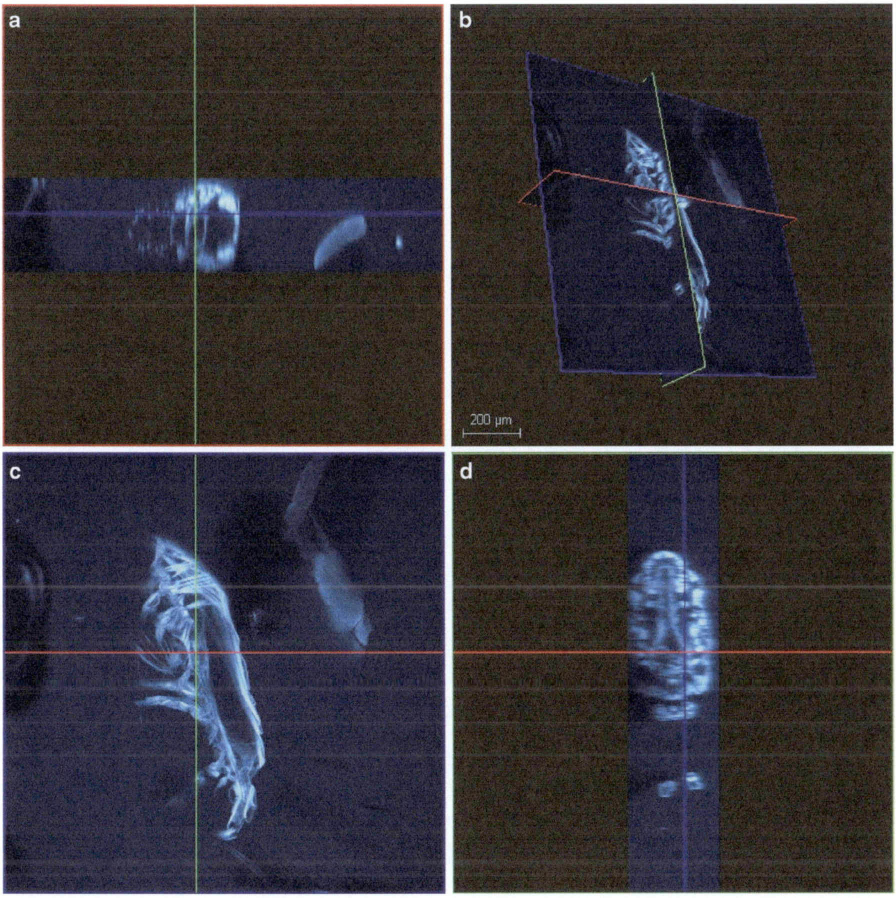

Abb. 3.8 Eine alternative Darstellungsmethode der Daten, die schon für Abb. 3.7 verwendet wurden. Im Kästchen *links unten* (**c**) sieht man ein Bild aus dem Stapel in einer auswählbaren Position (*z*-Schnitt). *Rechts daneben* (**d**) ist ein Schnitt durch den Datenstapel entlang der *grünen Linie* im *z*-Schnitt wiedergegeben. Da konventionsgemäß dies die y-Richtung ist, handelt es sich um einen zu *z* orthogonalen *y*-Schnitt, also um ein Profil. So ein Bild lässt sich in einem gewöhnlichen Mikroskop nicht erzeugen. Analog sieht man *links oben* (**a**) einen *x*-Schnitt. Diese drei Darstellungen werden als „orthogonale Schnitte" zusammengefasst. Selbstverständlich kann der Computer Schnitte in beliebigen Raumrichtungen berechnen. Dies ist in dem Kästchen *rechts oben* (**b**) dargestellt. Man nennt sie „schiefe Schnitte". Alle diese Darstellungen können beliebig aus dem einmal aufgezeichneten Bildstapel berechnet werden

lang der Projektionsrichtung notiert wird. Man erhält dabei ein Bild, das über nahezu beliebige Tiefen des Präparates keine unscharfen Anteile enthält, weswegen dieses Verfahren „erweiterte Schärfentiefe" (EDOF, *extended depth of focus*) genannt wird. Die Einzelbilder des Stapels sind dabei stets nur die scharf abgebildeten Schichten (Abb. 3.7). Kodiert man dazu noch die axiale Position dieses hellsten „Voxels" in verschiedenen Farben, erhält man eine farbkodierte Höhendarstellung (*height color coded extended depth of focus*, HCCEDOF).

Nicht nur Projektionen lassen sich in alle Richtungen berechnen, sondern auch Schnitte durch den elektronischen Datenstapel. Diese Schnitte können beliebige Orientierungen und Positionen haben (Abb. 3.8).

Sequenzen solcher Projektionen und Schnitte können nun als Ausgangsmaterial für eindrucksvolle dreidimensionale Animationen dienen. Hier, an der Grenze von Wissenschaft zu Unterhaltung, können die ästhetischen Wünsche und der natürliche Spieltrieb von Fachleuten und Laien nahezu unbegrenzt befriedigt werden.

3.4 Zwei-Photonen-Fluoreszenzmikroskopie

Eine weitere Methode, mit der man optische Schnitte erzeugen kann, ist die Multiphotonenmikroskopie. Wie in Abschn. 2.1.1 beschrieben, werden zur Anregung eines Fluorochroms Photonen aus einem bestimmten Energieband benötigt. Nehmen wir an, ein blaues Photon von 450 nm sei zur Anregung eines gegebenen Farbstoffes geeignet. Die Energie dieses Photons ist nach der Einstein'schen Formel:

$$E = h \cdot \frac{c}{\lambda}. \tag{3.3}$$

Das Planck'sche Wirkungsquantum h und die Vakuumlichtgeschwindigkeit c sind Konstanten, die Energie hängt also nur noch von der Wellenlänge λ ab, und zwar umgekehrt proportional. Wäre es dann nicht möglich, mit zwei Photonen der halben Energie – und damit der doppelten Wellenlänge – das Molekül auch anzuregen? M. Göppert-Mayer hat so einen Prozess in ihrer Doktorarbeit 1931 erstmals beschrieben. Messen konnte man ihn damals aber noch nicht. Das Molekül muss für eine solche Anregung von zwei Photonen gleichzeitig getroffen werden, da ja ein einzelnes zur Anregung nicht ausreicht – und dann auch nicht „vorübergehend" im Molekül aufbewahrt wird, bis ein weiteres vielleicht noch eintrifft. Die Gleichzeitigkeit kann hier über den Absorptionsprozess beschrieben werden. Licht bewegt sich mit der Geschwindigkeit c (wir nehmen an, das absorbierende Substrat hätte den Brechungsindex 1,0). Ein Fluorochrom mag eine Länge von beispielsweise 10 nm haben. Daraus kann man die Zeit abschätzen, die das Photon braucht, um die Elektronenwolke des Farbstoffes zu durchqueren:

$$c = \frac{s}{t} \rightarrow t = \frac{s}{c} \tag{3.4}$$

$$= \frac{10^{-8}\,\mathrm{m}}{3 \cdot 10^{8}\,\mathrm{m/s}}. \tag{3.5}$$

Das ist die äußerst kurze Zeitspanne von etwa 3×10^{-17} Sekunden. In dieser Zeitspanne müssen also zwei Photonen mit dem Molekül wechselwirken. Das kann aber nur sein, wenn die „Photonenkonzentration" sehr hoch ist, also bei sehr hohen Lichtintensitäten. Für messbare Effekte sind das Intensitäten, wie sie nur in gepulsten Lasern von vergleichsweise hoher Energie realisierbar sind. Fokussiert man nun so einen gepulsten Infrarotlaser für unser Beispiel von 900 nm in ein fluoreszierendes Präparat, bekommt man tatsächlich eine Emission – so, als hätte man mit 450 nm angeregt. Da zwei Photonen mit dem Molekül reagieren müssen, ergibt sich aus der Kinetik, dass die Effizienz dieser Anregung quadratisch von der Intensität abhängt. Die Intensität nimmt aber auch quadratisch mit dem Abstand von der Brennebene ab und der Zwei-Photonen-Effekt daher mit der vierten Potenz. Für den Fokusbereich selbst sind freilich die Beugungseffekte leitend, und dieser Zusammenhang gilt dort nicht mehr. Das heißt, dass nur in einer dünnen Schicht um die Brennebene herum überhaupt Anregung stattfindet, weil nur dort die Photonendichte hoch genug ist. Der optische Schnitt wird demnach durch die ausgewählte Anregungswahrscheinlichkeit im Fokus erzeugt.

Auch heute noch (2015) sind Laser, die sich für diese Zwecke einsetzen lassen, komplizierte und teure Geräte. Da der Effekt nur im beugungsbegrenzten Fokus stattfindet, braucht man dazu ein Rastermikroskop (üblicherweise ein konfokales Mikroskop), was Komplexität und Kosten weiter erhöht. Dennoch ist dieses Verfahren etabliert, weil die größeren Wellenlängen einen angenehmen Nebeneffekt haben: Die Streuung in trüben Medien nimmt nämlich mit der vierten Potenz der Wellenlänge ab. Bei einer Verdoppelung der Wellenlänge ist das eine 16× schwächere Streuung. Man kann also viel tiefer in das Präparat hineinschauen (wobei in der Praxis der Faktor bei 2–3× liegt). Besonders für Untersuchungen in lebenden Präparaten, etwa *in vivo*-Messungen im Gehirn, ist daher die Mehrphotonenfluoreszenz ein wichtiges Instrumentarium geworden.

3.5 Elemente eines konfokalen Mikroskops

Ebenso wie für ein gewöhnliches Fluoreszenzmikroskop braucht man auch für ein konfokales Fluoreszenzmikroskop Baugruppen, die die spektrale Trennung sicherstellen. Zudem werden noch weitere Elemente benötigt, da ja zu einer Zeit nur ein Rasterpunkt nachgewiesen wird und ein zweidimensionales Bild erst sekundär aufgebaut werden muss. Was brauchen wir, um ein konfokales Fluoreszenzmikroskop aufzubauen (Abb. 3.9)?

3.5.1 Lichtquelle

Als Lichtquelle kommen natürlich die klassischen Alternativen infrage: Sonne, Glühlampe, Bogenlampe, Quecksilber-Dampflampe, Lichtemissionsdiode und andere. Da das Ziel ein beugungsbegrenzter Anregungsfleck ist, sind aber diese klassischen Quellen nur mit größerem Aufwand verwendbar und werden deshalb heute nicht für konfokale Mikroskopie eingesetzt. Die Lichtquelle der Wahl ist der Laser. Laser emittieren sehr hoch kollimiertes Licht hoher Intensität, der Laserstrahl lässt sich also ganz hervorragend beugungsbegrenzt fokussieren. Es ist deshalb nicht erstaunlich, dass die konfokale Mikroskopie als CLSM (*confocal laser scanning microscopy*) ihren Siegeszug in die Wissen-

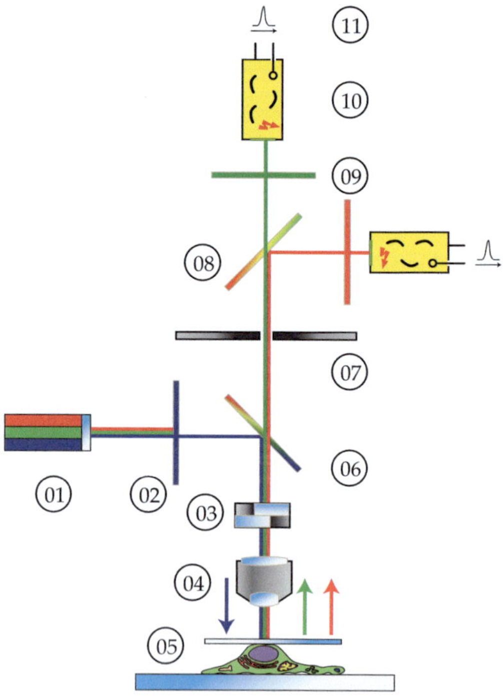

Abb. 3.9 Baugruppen eines konfokalen Laserscanning-Mikroskops. *1* Lichtquelle (Laser), *2* Anregungsfilter, *3* Rastermodul, *4* Objektiv, *5* Präparat, *6* Strahlteilung, *7* Detektionspinhole, *8* sekundäre Strahlteiler, *9* Emissionsfilter, *10* Sensor, *11* Nachweiselektronik

schaft und Forschung angetreten hat. Über die verschiedenen Laser wird im Kap. 4 Näheres berichtet.

3.5.2 Anregungsfilter

Da gewöhnliche Laser nur einzelne Linien oder auch Linienserien emittieren, unterscheidet sich die Methode der Auswahl für die Anregung von jener für weiße Lichtquellen, etwa der Sonne oder einer Glühlampe. Hier wählt man aus dem weißen Spektrum einfach mittels eines passenden Kurzpass- oder Bandpassfilters die gewünschte Farbe aus. Andererseits muss man aber eine ganze Batterie verschiedener Laser zusammenkoppeln, um einen größeren Bereich des Spektrums zur Anregung zur Verfügung stellen zu können. Um einzelne Anregungslinien auszuwählen, braucht man nur die Laser anzuschalten, die die gewünschte Linie emittieren. Falls diese Laser noch weitere Emissionen bereitstellen, muss mit einem „Linienfilter" die gewünschte Farbe abgetrennt werden. Dazu kann man klassische Filter verwenden, die dann auf motorisch betriebenen Filterrädern montiert sind. Möchte man alle Kombinationsmöglichkeiten ausschöpfen, braucht man für n Linien 2^n Filtergläser in diesem Filterrad. Bei vier Linien sind das bereits 16 Positionen. Weiter kann man viele Laser nicht gut in ihrer Intensität modulieren, oft nimmt das Rauschen bei geringerer Intensität stark zu. Daher braucht man zusätzlich noch für jeden Laser ein separates Filterrad mit Graufiltern zur Abschwächung. Der mechanische Aufbau wird also recht komplex und etwas unübersichtlich.

3.5.3 Primärteiler

Wenn nun die gewünschte Anregungsfarbe zur Verfügung steht, muss dieses Licht in den Strahlengang eingekoppelt werden. Dazu stehen die üblichen Farbteilerspiegel als „Primärteiler" zur Verfügung. Weil auch hier möglichst viele Kombinationen der Anregung ausgewählt werden sollen, bedarf es eines größeren mechanischen Aufwandes, um eine hinreichende Anzahl unterschiedlicher dichroitischer Spiegel vorrätig zu halten. Auch hier kommen Filterräder oder auch lineare motorisierte Schlitten zum Einsatz. Die Anzahl bezieht sich nun auf alle verfügbaren Laserlinien, bei acht Linien wären dies 256 Positionen. Man kann hier schon sehen, dass es sehr hilfreich wäre, effizientere Alternativen zu finden.

3.5.4 Strahlscanner

Über das Rastermodul wurde in Abschn. 3.3.2 schon berichtet. Das Modul muss so konstruiert sein, dass der Strahl in beiden Achsen den Drehpunkt in einer zur Pupille konjugierten Ebene behält. Am genauesten wird das erfüllt, wenn ein Spiegel kardanisch aufgehängt und um beide Achsen gekippt wird. Da hierbei ein kompletter Scanmotor mit gedreht werden muss, bleibt so eine Lösung nur für geringe Bildfrequenzen. Höhere Geschwindigkeiten werden mit zwei Spiegeln realisiert, entweder mit zusätzlicher Optik, um die Bedingung der Pupillenposition zu erfüllen, oder mit Kompromissen in der Ausleuchtung und Auflösung bei größeren Sehfeldern. Eine schnelle Lösung für hohe Geschwindigkeiten ohne Kompromisse in Bildqualität und Sehfeld gibt es auch unter Verwendung von drei Spiegeln.

Eine kardanische Lösung für hohe Geschwindigkeiten liefern künftig möglicherweise Mikrospiegelaktoren, optisch-mechanische Bauteile aus der Mikrosystemtechnik (MEMS, *micromechanical systems*).

3.5.5 Objektiv

Das Objektiv wurde schon vorgestellt als der optische Teil, der auf jeden Fall die gewünschte Auflösung bereitstellen muss, alle nachgeschalteten optischen Einrichtungen können fehlende Auflösung nicht nachträglich ersetzen. Weiter haben die Betrachtungen über die Schichtdicke ergeben, dass die Apertur quadratisch in die Leistung beim optischen Schneiden eingeht. Es ist daher nicht erstaunlich, dass konfokale Mikroskopie mit möglichst hohen Aperturen betrieben wird.

Dazu kommt, dass Multiparameterfluoreszenz, also Fluoreszenzmikroskopie mit gleichzeitig mehreren Fluorochromen, schnell den gesamten sichtbaren Bereich des weißen Lichtes überspannt, in einigen Fällen wird UV- und IR-Licht zusätzlich eingesetzt. Dabei wird sowohl die Beleuchtung als auch die Stokes-verschobene Emission durch dasselbe Objektiv geleitet. Die Anforderungen an die Farbkorrektion sind daher sehr hoch, anderenfalls würde das gemessene Signal zu schwach (wenn Anregungs- und Wahrnehmungsfokus nicht übereinstimmen). Weiter kann es geschehen, dass Strukturen mit verschiedenen Fluorochromen nicht in derselben z-Position zu liegen kommen und dann nicht korrekt korreliert werden können. Weil der Hauptvorteil der konfokalen Mikroskopie darin besteht, dass man in dicken Präparaten dünne optische Schnitte aufzeichnen kann, muss zusätzlich der freie Arbeitsabstand möglichst groß sein.

Ein gutes Objektiv für die generelle Anwendung hat hier daher auch einen guten Preis. Für spezielle Anforderungen werden auch Spezialobjektive konstruiert, die beispielsweise extrem große Arbeitsabstände haben, aber dennoch eine große Apertur. Oder eine sehr breite Korrektion von UV bis IR bei hoher Apertur und brauchbaren Arbeitsabständen. Hier werden also die gewünschten Parameter sehr stark verbessert, wobei man bei anderen Parametern Kompromisse eingeht. Natürlich könnte man auch ein Super-Objektiv bauen, das dann alle Anwendungen maximal bedienen könnte. Allerdings würde niemand eine solche Konstruktion bezahlen wollen.

3.5.6 Kanaltrennung

In der Weitfeldmikroskopie werden Bilder üblicherweise mit einer Kamera dokumentiert. Für schwache Fluoreszenzen werden hochempfindliche gekühlte Digitalkameras eingesetzt. Möchte man hohe Geschwindigkeiten erreichen, sind für gewöhnlich Schwarz-Weiß-Kameras im Einsatz. Eine spektrale Auftrennung findet nur selten statt. Zu diesem Zweck muss man die Emission mittels eines weiteren Strahlteilers („Sekundärteiler") in zwei oder mehr Zweige aufspalten, die jeweils eine Kamera zur Dokumentation beinhalten. In der Rastermikroskopie werden die Signale von vornherein durch einen Sensor und eine Digitalisiervorrichtung in elektronische Daten umgewandelt. Wegen der geringeren Datenrate ist es deshalb viel leichter möglich, parallel mehrere Sensoren einzusetzen, die die unterschiedlichen Fluorochrome in verschiedenen elektronischen Kanälen aufzeichnen. Fünf und mehr Kanäle sind heute keine Seltenheit, wobei auch klar ist, dass die meisten Objekte über vier Fluorochrome auch nicht hinausgehen und zwei- oder dreifach gefärbte Präparate wohl 90 % ausmachen. Einfach gefärbte Präparationen werden eher seltener untersucht, da das Ziel ja ein Verständnis über die Wechselwirkungen unterschiedlicher Strukturen und Elemente in Zellen und Geweben ist.

Wenn mehr als zwei Kanäle gleichzeitig aufgenommen werden sollen, müssen beim Einsatz von Farbteilerspiegeln auch weitere Teilerräder oder -schlitten vorgesehen werden. Das führt schnell zu recht umfangreichen Modulen mit vielen motorisierten mechanischen Einheiten.

3.5.7 Emissionsfilter

Ebenso wie in der klassischen Mikroskopie dienen Emissionsfilter, auch „Blockfilter" genannt, dazu, restliches Anregungslicht vor der Detektion abzufiltern. Hinzu kommt für die Mehrkanalaufnahme der wichtige Aspekt, die Signale unterschiedlicher Fluorochrome gegeneinander abzugrenzen. Da die Emissionsspektren recht breit sind, wird man in der Regel Signale ein und desselben Farbstoffes in verschiedenen Kanälen nachweisen können, wenn auch in den „falschen" mit geringerer Intensität. Die Vermeidung oder Begrenzung dieses „Übersprechens" ist ein wichtiger Aspekt, der in allen Teilen des Strahlengangs beachtet werden muss. Durch geeignete Wahl von Bandfiltern lässt sich dies auch an der letzten Stelle vor dem Sensor noch gut beeinflussen. Hat etwa der kürzerwellige Farbstoff eine Emission, die weit in den roten

Bereich hineinreicht, dann ist es sinnvoll, die längerwellige Emission erst bei größeren Wellenlängen zu beginnen, um das falsche Signal auszuschließen. Dazu muss natürlich der rote Farbstoff hinreichend hell sein, um rauschfreie Bilder aufnehmen zu können.

Wenn die Geräteeinstellungen zur Vermeidung von Übersprechen ausgeschöpft sind, kann man auch durch kalkulatorische Methoden die Signaltrennung noch nachträglich verbessern, etwa durch klassische Entmischungsalgorithmen, die im Wesentlichen Lösungen von Gleichungssystemen mit mehreren Unbekannten darstellen. Das Thema Trennschärfe wird in den Kapiteln 4 bis 9 zum „weißen Konfokalmikroskop“ jeweils einzeln angesprochen werden.

Für den historischen Fall der Farb- und Interferenzfilter sind auch hier wieder für jeden Kanal servomotorisierte Elemente mit einer Reihe von Filtern für jeden Kanal notwendig. Dabei bleibt die Auswahl der spektralen Bänder auf die vorhandenen Filterspezifikationen beschränkt.

3.5.8 Sensor

In unserem Zusammenhang sind Sensoren Bauteile, die Licht in elektrisches Signal umwandeln. Ebenso wie das Objektiv das erste Element der optischen Strecke ist und deshalb besonders hohe Ansprüche erfüllen muss, ist der Sensor das erste Element in der elektronischen Strecke und muss ebenso anspruchsvollen Standards genügen. Ein ganz wichtiger Parameter ist dabei das Rauschen. Nur wenn der Sensor sehr wenig Signal erzeugt, obwohl gar kein Licht eintrifft, kann man sehr kleine Lichtsignale gegen den Hintergrund abgrenzen. Das „Dunkelrauschen“ ist darum ein wichtiger Parameter. Weiter werden Messungen mit sehr hoher Geschwindigkeit durchgeführt, die Zeiten für ein einziges Bildelement können dabei 50 Nanosekunden unterschreiten. Der Sensor muss daher sehr schnell auf das Lichtsignal reagieren und ebenso schnell wieder für ein weiteres Signal bereit sein. Schnelle Sensoren werden auch für Fluoreszenz-Lebenszeitmessungen und für spezielle Einzelmolekülverfahren benötigt, etwa Fluoreszenz-Korrelations-Spektroskopie (FCS).

3.6 Das „weiße“ konfokale Mikroskop

Wir haben jetzt darüber gesprochen, wie ein Mikroskop funktioniert, was Fluoreszenz ist und wie sie in der Mikroskopie angewendet wird; wir wissen auch, was ein konfokales Mikroskop ist und welche Vorteile es gegenüber einem „gewöhnlichen“ Mikroskop bietet. Wir haben gesehen, dass für die Fluoreszenzmikroskopie im Wesentlichen fünf Bausteine benötigt werden, um verschiedenfarbige Strukturen unterscheiden zu können: Lichtquellen, Anregungsfilter, Primärteiler, Dispersionselemente und Emissionsfilter. Alle diese Bausteine haben in der klassischen Variante feste spektrale Eigenschaften, die durch eine Serie von Bändern beschrieben werden können. Der Wunschtraum ist aber, keine festen spektralen Eigenschaften auswählen zu müssen. Vielmehr möchte man die spektralen Eigenschaften nahezu beliebig selbst auswählen und einstellen können, um damit jede Kombination von Farbstoffen in unterschiedlicher Helligkeit und auch ganz neue, bislang nicht benutzte Farbstoffe effizient anwenden zu können.

Das spezielle Thema dieses Buches ist die Umsetzung dieses Wunschtraums in die Wirklichkeit. Mittlerweile können tatsächlich alle die genannten Elemente „durchgestimmt" werden. Es sind also keine festen Farben mehr in den Bauteilen, sondern sie sind spektral völlig unabhängig, das ist hier mit „weiß" charakterisiert, und der Begriff „weißes Konfokalmikroskop" („*white confocal*") leitet sich daraus ab. In den nun folgenden Kapiteln werden die einzelnen Bauelemente sozusagen von wenigfarbig nach weiß transformiert.

Literatur

1831 Göppert-Mayer M: Über Elementarakte mit zwei Quantensprüngen. Göttinger Dissertationen. Annalen der Physik 401/3, 273–294 *(Original-Doktorarbeit zur Multiphotonen-Anregung)*

1951 Naora H: Microspectrophotometry and cytochemical analysis of nucleic acids. Science 114:279–280. *(Beschreibung eines Intensitätsmessverfahrens, im Prinzip konfokal)*

1957 Minsky M: Microscopy Apparatus. United States Patent 3013467. *(Patent)*

1969 Davidovits P & Egger MD: Scanning Laser Microscope. Nature 223, p 831 *(Originalarbeit zum Thema Laser Scanning)*

1977 Sheppard CJR & Choudhury A: Image formation in the scanning microscope, J. Mod. Opt. 24, 1051–1073. *(Originalarbeit, erste Erwähnung des Begriffes „konfokale Mikroskopie")*

1990 Wilson T: Confocal Microscopy. Academic Press, London. *(Zur Theorie der konfokalen Mikroskopie)*

1995 Borlinghaus RT: Microscopy and the Third Dimension. Zeiss Information with Jena Review 5. *(Eine kleine Anwendungsbroschüre)*

1997 Sheppard CJR, Shotton D: Confocal Laser Scanning Microscopy. Bios Scientific Publishers, Oxford. *(Einführungsband konfokale Mikroskopie)*

2006 Pawley J (Hrsg): Handbook of Biological Confocal Microscopy. 3. Aufl. Springer, Berlin. *(Umfassende Sammlung von Aufsätzen zu Themen um moderne Mikroskopieverfahren)*

2011 Diaspro A (Hrsg): Optical Fluorescence Microscopy – From the Spectral to the Nano Dimension. Springer Heidelberg – New York. *(Sammlung moderner Verfahren in der Fluoreszenz-Mikroskopie)*

4 Lichtquellen

Wie schon in Abschn. 2.2.3 besprochen, wäre die beste Lichtquelle für viele Arten des Mikroskopierens die Sonne. Einerseits sind unsere Augen auf die Farbe des Sonnenlichtes am besten angepasst, und andererseits bietet die Sonne ein sehr breites Spektrum elektromagnetischer Energie: von langen Radiowellen bis hin zur harter kosmischer Strahlung. Im sichtbaren Bereich, also zwischen 400 und 700 nm, ist die Intensität vergleichsweise konstant. Auch die Geometrie des Sonnenlichtes ist auf der Erdoberfläche für konfokale Mikroskopie gut geeignet. Durch den großen Abstand ist das Licht fast parallel (kollimiert) und kann mit wenig Verlust in einen beugungsbegrenzten Fleck abgebildet werden. Es gibt ja auch immer noch kleine Mikroskope zu kaufen, die mithilfe eines schwenkbaren Spiegels das Sonnenlicht verwenden. Falls Sie mit einer Krämerseele Ihr Budget diskutieren müssen: Sonnenlicht kostet nichts, stößt keine Treibhausgase aus und hinterlässt keinen (terrestrischen) Atommüll. Das ist zwar sehr umweltschonend, dennoch hat Sonnenlicht für uns große Nachteile: Die Intensität ist stark schwankend, nachts geht sie beispielsweise auf null zurück, und je nach Wetterlage ändert sich die Helligkeit innerhalb von Minuten. Auch die farbliche Zusammensetzung ist vom Wetter und von der Tageszeit abhängig. Und schließlich ändert sich die Position der Sonne fortlaufend. Astronomen behelfen sich gegen dieses Übel mit einer komplizierten Konstruktion: dem Heliostaten. Für die gewöhnliche Labormikroskopie ist das freilich keine Lösung.

Die nächstliegende Lösung könnten Glühlampen sein. Oder – etwas professioneller, dafür aber aufwendiger: Bogenlampen. Je nach Konstruktion haben solche Lichtquellen ein kontinuierliches Spektrum, manchmal mit überlagerten Spitzen, die durch Metalldämpfe oder andere Gase im Glaskolben erzeugt werden. Auch gute Bogenlampen strahlen ihre Energie aber in fast alle Raumrichtungen ab. Um einen beugungsbegrenzten Lichtfleck mit ausreichender Intensität zu erzeugen, muss man daher großen Aufwand treiben. Großformatige Reflektoren und Linsen sind nötig, um das Licht zu sammeln und auf ein Pinhole zu bündeln. An diesem Pinhole geht ein großer Teil des Lichtes verloren, wenn das Beugungsmuster von hoher Qualität sein soll. Damit werden sehr helle Lampen nötig, die üblicherweise nur kurze Lebenszeiten

R. T. Borlinghaus, *Konfokale Mikroskopie in Weiß*, DOI 10.1007/978-3-662-49359-5_4

haben. Die Versuche mit solchen Quellen wurden wegen der schlechten Ergebnisse aufgegeben.

4.1 Laser

Konfokale Mikroskopie wurde daher erst praktikabel, als eine Lichtquelle zur Verfügung stand, die es erlaubt, ausreichend Energie auf einen sehr kleinen Fleck zu konzentrieren. Mit der Erfindung des Lasers (Abschn. 3.5.1) war eine solche Quelle plötzlich greifbar. Darum spricht man statt von konfokalen Mikroskopen auch gewöhnlich von „Laserscanning-Mikroskopen", obwohl sich die Photonen aus einem Laser für die fluoreszierenden Moleküle natürlich auch nicht anders „anfühlen" als Licht aus einer beliebigen anderen Quelle. Warum ist nun ein Laser mit einer Leistung von wenigen Milliwatt so viel besser geeignet als etwa eine Bogenlampe mit 5 Watt Lichtleistung? Um diese Frage zu klären, soll hier eine kurze Einführung in das Funktionsprinzip der Laser folgen.

Wir haben schon bei der Fluoreszenz gesehen, dass Atome und Moleküle mit Licht zusammenwirken (Abschn. 2.1.1). Das Licht – in Form eines Photons – kann von der Elektronenwolke eines Moleküls aufgenommen werden (Absorption). Die Energie des Photons wurde vollständig von diesem Molekül verschluckt, und das Lichtteilchen kann nicht in dem Molekül aufgespürt werden. Ein Molekül kann auch ein Lichtteilchen aussenden und dabei Energie abgeben (Emission). Unter normalen Bedingungen wird eine größere Anzahl angeregter Moleküle ihre Energien in beliebige Richtungen aussenden, wenn die emittierenden Molekülteile nicht fixiert sind. Die Energien dieser Photonen werden entsprechend den möglichen Übergängen im betrachteten Molekül unterschiedlich groß sein, und sie werden nicht gleichmäßig, also nicht „in Phase" schwingen. Diese Emission geschieht ohne einen uns bekannten Anlass, etwa so, wie ein radioaktiver Atomkern irgendwann plötzlich zerfällt, allerdings mit einer messbaren Halbwertszeit, die eine Wahrscheinlichkeit für die Lebensdauer des Kerns – bzw. des angeregten Molekülzustandes beschreibt.

Neben diesen beiden gut bekannten Phänomenen gibt es aber noch eine dritte Wechselwirkung, die Albert Einstein im Jahre 1917 theoretisch vorausgesagt hatte: die stimulierte Emission (Abb. 4.1).

Ein Photon, dessen Energie im Bereich der möglichen Emissionsenergien eines Moleküls liegt, also innerhalb des Emissionsspektrums, kann ein angeregtes Molekül „anstupsen", sodass es seine Energie nicht zufällig, sondern als Folge der Wechselwirkung mit dem auslösenden Photon abgibt. Dabei hat dann das so emittierte Lichtteilchen aber alle Eigenschaften des Stups-

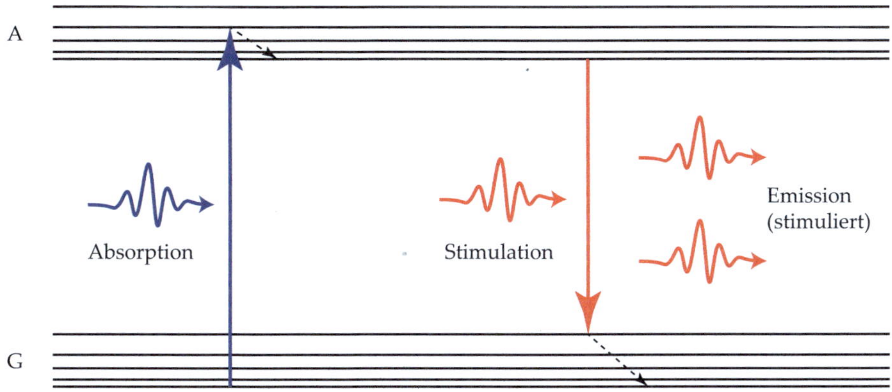

Abb. 4.1 Nach Absorption im Grundzustand (*G*) eines energiereichen (hier *blauen*) Photons kann der angeregte Zustand (*A*) durch ein längerwelliges (hier *rotes*) Photon zur Emission stimuliert werden. Die Emission hat dabei die exakt gleiche Qualität wie das stimulierende Photon. Aus einem roten Photon sind zwei rote Photonen geworden. Man spricht deshalb von Lichtverstärkung

Photons. Es hat die gleiche Energie (Farbe), die gleiche Richtung, die gleiche Polarisation und schwingt „in Phase", die Wellen der beiden Photonen erreichen also gleichzeitig die Maxima und Minima. Aus einem Photon mit bestimmten Eigenschaften sind nun also zwei geworden – das Licht dieser Qualität ist verstärkt worden. Wenn nun eine größere Zahl angeregter Moleküle vorhanden ist, dann können diese beiden Photonen wieder mit weiteren Molekülen interagieren, so wie die Tischtennisbälle im berühmten Mausefallenexperiment. Wie eine Lawine werden dabei immer wieder gleichartige Photonen erzeugt. Da alle diese Photonen die gleiche Richtung haben, kann ein sehr starker, paralleler Lichtstrahl entstehen. Ein Laser ist also ein Lichtverstärker, so ist auch sein Name entstanden: *light amplification by stimulated emission of radiation*. Die Verstärkung bezieht sich hier auf eine bestimmte Qualität des Lichtes – es kommt natürlich auch aus einem Laser insgesamt weniger Energie heraus als hineingesteckt wurde. In wörtlicher Übersetzung bedeutet Laser: Lichtverstärkung durch angestoßene Abgabe von Strahlung. Es lohnt sich, dieses Phänomen im Gedächtnis zu behalten: Auch die erste wirkliche Überschreitung der optischen Auflösungsgrenze in Lichtmikroskopen nutzt das Prinzip der stimulierten Emission: STED – *stimulated emission depletion*.

Ein Laser wird nun so konstruiert, dass immer sehr viele Moleküle im angeregten Zustand sind. Das geschieht durch Energiezufuhr beim „Pumpen" des Lasers. Etwa durch elektrischen Strom oder durch Licht mit höherer Energie. Ziel ist es, mehr Moleküle in einem angeregten Zustand zu haben, als Moleküle im Grundzustand vorhanden sind. Weil das unter normalen Bedingungen umgekehrt der Fall ist – fast alle Moleküle befinden sich im Grundzustand – spricht man von „Besetzungsinversion". Die Besetzung des Grundzustandes und des angeregten Zustandes ist vertauscht. Und weil man das Licht ja in einer gewünschten Richtung haben möchte, schließt man die Moleküle in eine Röhre ein. Diese Röhre ist auf einer Seite mit einem Spiegel verschlossen, sodass alle Photonen wieder in das Lasermedium zurück reflektiert werden. Auf der anderen Seite ist ebenfalls ein Spiegel, der aber einen ganz kleinen Bruchteil des Lichtes durchlässt. Dieser Bruchteil ist als Laserlicht verfügbar. Wenn man dafür sorgt, dass weniger Licht „entnommen" wird, als aus dem ständig wieder aufgepumpten Medium angeregt wird, kann man so eine kontinuierlich strahlende Lichtquelle bauen: einen Dauerstrichlaser.

Warum also ist nun ein Laser mit einer Leistung von wenigen Milliwatt so viel besser geeignet als etwa eine Bogenlampe mit 5 Watt Lichtleistung? Weil das Licht aus einem Laser perfekt parallel ist. Alle Photonen haben ja identische Eigenschaften, also auch eine identische Richtung. Paralleles Licht ist aber ebenso gut wie eine wirklich punktförmige Lichtquelle, da sich beides durch eine ideale Linse ineinander überführen lässt. Jede Linse, die man vor einen Laser hält, erzeugt einen beugungsbegrenzten Lichtfleck, wie er für die konfokale Mikroskopie benötigt wird. Das gilt freilich nur *cum grano salis*, und tatsächlich muss man bei der Auswahl der verwendeten Laser genau darauf achten, dass das Strahlprofil wirklich gleichmäßig ist. Dabei ist die Intensitätsverteilung nicht homogen, sondern zeigt ein „Gauß-Profil". Um damit wirklich höchste Auflösung im Mikroskop zu erhalten, wird zur Beleuchtung nur der innerste Teil dieses Profils benutzt, was durch hinreichende Aufweitung des Laserstrahls geschieht.

4.2 Lasertypen

Auch beim Rennen um die Lorbeeren für den ersten Laser gab es natürlich reichlich Streit und Missgunst, wie das notorisch bei wichtigen Erfindungen und wissenschaftlichen Durchbrüchen zu beobachten ist. Dennoch ist unbestritten, dass die Konstruktion eines funktionsfähigen Lasers erstmals T. Maiman im Jahre 1960 gelang, einem Mitarbeiter von Hughes Research in Kalifornien. Er benutzte als Lasermedium – dem Material, in dem die stimulierte Emission stattfindet – einen künstlich hergestellten Rubinstab. Rubin ist Aluminiumoxid (Korund), das mit Chrom „verunreinigt" ist, enthält also einen kleinen Anteil Chromatome. Das Pumpen geschah mit einer wendelförmigen Entladungsröhre, wie sie seinerzeit für fotografische Zwecke verwendet wurde. Der Rubinstab wurde einfach in das Innere der Wendel eingeführt.

Die Chromatome können durch kurzwelliges Licht in einen angeregten Zustand überführt werden. Von dort gehen sie nach kurzer Zeit in einen Zwischenzustand über, der relativ langlebig ist, wobei unter langlebig hier eine charakteristische Zeit von etwa 4 Millisekunden zu verstehen ist. Aus diesem Zwischenzustand findet dann die Emission bei langer Wellenlänge (rotes Licht) statt, von dem der Rubin seinen Namen bekam. Durch die lange Lebensdauer des Zwischenzustandes ist es möglich, die benötigte Inversion zu erzeugen. Durch den kurzen Lichtblitz werden sehr viele angeregte Zustände erzeugt, die lange genug ausharren, um durch die stimulierte Emission genügend gleichartige Photonen zu erzeugen (Abb. 4.2).

Weil das Licht aus einem Laser von einem ganz bestimmten Anregungszustand herrührt und die stimulierte Emission immer gleichartige Photonen erzeugt, ist das Laserlicht zunächst auch einfarbig. Hier ist wirklich einfarbig im strengen Sinne gemeint, man spricht daher auch von „monochromem" Licht. Zerlegt man dieses Licht – etwa durch ein Prisma – in seine Bestandteile, findet man nur ein einziges ganz schmales Bändchen, das deshalb als Laserlinie bezeichnet wird. Solche Linien haben nur eine Breite von einem Zehntel der Wellenlänge oder noch weniger. Um es gleich zu korrigieren: Tatsächlich handelt es sich bei dem Zwischenzustand in Rubinlasern um zwei

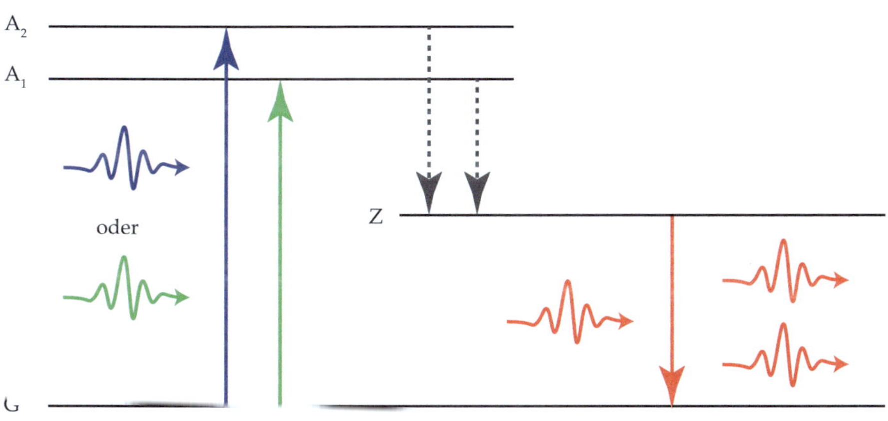

Abb. 4.2 Rubin-Termschema (ohne Unterzustände). Aus dem Grundzustand *G* kann der Rubin in verschiedene angeregte Zustände A_1, A_2 überführt werden, hier durch *blaue* und *grüne Übergänge* dargestellt. Aus den angeregten Zuständen nimmt das System schnell einen Zwischenzustand *Z* ein (*graue Pfeile*, genauer: zwei nahe beieinanderliegende Zwischenzustände). *Z* ist sehr langlebig, und eine Population von Molekülen kann daher aus dem Grundzustand in diesen Zwischenzustand *Z* „gepumpt" werden (Inversion). Aus *Z* emittiert das System entweder nach langer Zeit spontan. Interagiert es mit einem passenden Photon, hier in *Rot*, wird eine lawinenartige stimulierte Emission ausgelöst, bei der die gesamte Population wieder in den Grundzustand zurückgeführt wird. Das Ergebnis ist ein Laserpuls

nahe beieinanderliegende Zustände. Darum wird auch nicht nur eine Linie ausgestrahlt, sondern zwei eng benachbarte Linien bei 692,8 und 694,3 nm. Ebenso wird durch einen einmaligen Blitz zur Anregung auch nur ein kurzer Lichtpuls vom Laser ausgestrahlt, weswegen ein solcherart konstruierter Laser „gepulst" genannt wird.

Da Rubin ein fester Körper ist, gehört der Rubinlaser zur Gruppe der Festkörperlaser. Mittlerweile gibt es eine kaum noch zu übersehende Fülle verschiedener Laser mit ganz unterschiedlichen Farben und Intensitäten, als Dauerstrich- oder Pulslaser für sehr viele Anwendungsbereiche. Neben den Festkörperlasern sind dies vor allem Gaslaser und Laser aus der Halbleitertechnik. Oft ist das Lasermedium in der Lage, mehr als eine Farbe zu erzeugen. In der Emission eines Argon-Gaslasers findet man beispielsweise eine ganze Menge Laserlinien, die vorwiegend im Blauen und Ultravioletten Bereich liegen. Nicht alle diese Linien sind hinreichend intensiv, um sie für die Mikroskopie nutzen zu können, und man muss, wenn man einen fluoreszierenden Farbstoff spezifisch anregen will, die benötigten Linien herausfiltern, indem die nicht benötigten ausgeblendet werden. Wie heute sehr elegant gefiltert wird, ist im Kap. 5 beschrieben. Weiter gibt es sogar Laser, deren Farbe man über einen gewissen Bereich einstellen kann. Dabei wird dennoch immer nur eine Farbe emittiert. Dazu gehören beispielsweise Farbstofflaser, die eine fluoreszierende Farbstofflösung im Lasermedium benutzen, aber auch Festkörperlaser, wie etwa der Titan-Saphir-Laser.

Dass nur eine Farbe von einem Laser ausgestrahlt wird, hat zunächst Vorteile: Wenn man den richtigen Laser hat, braucht man keinen Filter, um für die Anregung der Fluoreszenz das richtige Lichtband auszuwählen. Der Nachteil: In der Regel möchte man in der biomedizinischen Forschung möglichst viele Farbstoffe gleichzeitig aufnehmen können. Nur so lassen sich räumliche Verknüpfungen von Proteinen oder anderen Biomolekülen hinreichend sicher ablesen. Und auch funktionelle Untersuchungen benötigen oft mehrere Farben, etwa Messungen von Kalzium in lebenden Zellen mittels Farbstoffen, die ihre Fluoreszenzfarbe mit der Kalziumkonzentration verändern (Ratio-Farbstoffe). Ein weiterer, gravierender Nachteil einer monochromatischen Lichtquelle ist, dass man damit nur ganz wenige Farbstoffe überhaupt anregen kann, nämlich nur solche, deren Anregungsspektrum von dieser Laserlinie getroffen wird. Um hier sinnvoll arbeiten zu können, werden konfokale Mikroskope mit einer ganzen Reihe verschiedener Laser ausgerüstet (Abb. 4.3). Diese Laser werden in einer vergleichsweise komplexen optischen Anordnung zusammengeführt, die, ebenso wie die Laser selbst, Geld kostet und justieranfällig ist.

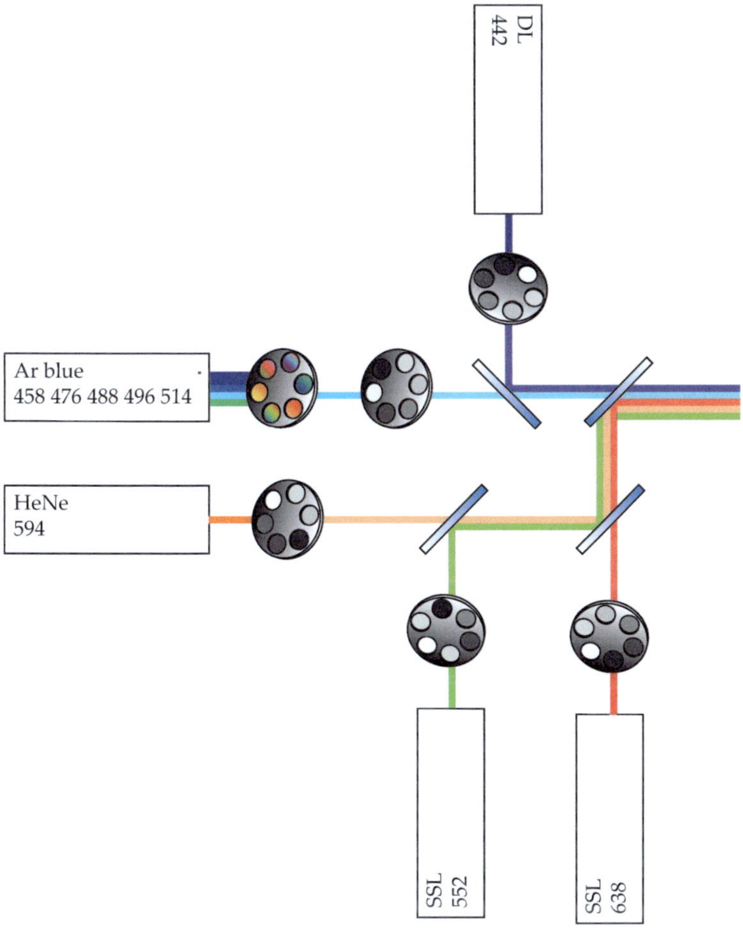

Abb. 4.3 Klassische Laserbatterie aus zwei Gaslasern, zwei Festkörperlasern und einem Diodenlaser. Mehrlinienlaser bedürfen einer Filterung zur Auswahl der gewünschten *Linien*, jeder Laser ist mit einem Filterrad zur Intensitätsmodulation ausgerüstet. Vier Farbteilergläser, die hier als Farbvereinigungsgläser zum Einsatz kommen, müssen so justiert werden, dass alle *Linien* die Batterie kollimiert verlassen

4.3 Weißlichtlaser

Die Wunsch-Lichtquelle für konfokale Mikroskopie, wenn mehrfach gefärbte Fluoreszenzproben zu untersuchen sind, hat mehrere schmalbandige Emissionen, die beliebig in der Farbe und in ihrer Helligkeit einstellbar sind. Damit ließen sich die Anregungen genau auf die Absorptionsspektren der Fluorochrome einstellen. Die Farben könnten optimal separiert werden, einmal durch spezifische Anpassung der Anregungsfarben, andererseits durch Austarieren der Anregungsintensitäten der einzelnen Bändchen. Und die Lichtquelle müsste ohne nennenswerte Verluste beugungsbegrenzt fokussierbar sein. Diese Anforderungen erfüllt ein Weißlichtlaser.

Der Begriff Weißlichtlaser ist doppeldeutig und auch etwas unglücklich gewählt. In der Vergangenheit wurden bereits Mischgaslaser als Weißlichtlaser bezeichnet, wenn sie eine Linienkombination emittieren, die wir als weiß wahrnehmen. Ein Beispiel ist ein Krypton-Argon-Mischgaslaser mit den Linien 488, 568 und 647 nm. Diese Mischung von blau, gelb und rot erzeugt im Auge einen Eindruck von Weiß. Das ist physiologisch korrekt. Es wäre dennoch besser, solche Lichtquellen als RGB-Laser zu bezeichnen. Insbesondere hat hier der Begriff Weißlicht in der Forschung zu Enttäuschungen geführt, wenn sich entgegen den Erwartungen herausgestellt hat, dass die Emission nur drei diskrete Linien enthält. RGB-Laser sind eher in der Unterhaltungsindustrie bei Lasershows von großer Bedeutung.

Ein „echter" Weißlichtlaser stellt ein kontinuierliches Spektrum in einem spezifischen Bereich zur Verfügung. Üblicherweise ist dieser Bereich das sichtbare Licht zwischen 400 und 800 nm. Um diese Geräte gegen einen RGB-Laser abzugrenzen, findet man auch den Begriff „Superkontinuum"-Laser. Dabei ist mit dem Begriff Superkontinuum auch ein bisschen übertrieben worden, da sich „kontinuierlich" ja nicht sinnvoll steigern lässt.

Das Herz eines solchen Superkontinuum-Lasers ist eine mikrostrukturierte Lichtleitfaser, wie sie zuerst von Philip Russell entwickelt wurde (Abb. 4.4). Der Kern einer solchen Faser enthält eine meist hexagonal angeordnete Struktur von hohlen, also lufterfüllten Löchern. Ein einfaches Herstellungsverfahren setzt Bündel von Glaskapillaren ein, die als Vorform verwendet werden. Diese Vorform wird erhitzt und zu einer meinst einige Hundert Mikrometer durchmessenden Faser gezogen. Die Geometrie des Querschnitts ändert sich dabei nicht, und aus den Quarzkapillaren werden auf diese Weise kilometerlange Löcher. Es ist offensichtlich, dass beliebig viele Muster auf diese Weise erzeugt werden können. Weiter kann man zusätzlich noch unterschiedlich brechende Glassorten verwenden, wodurch dann in der fertigen Faser zu den geometrischen auch noch Indexmuster hinzukommen.

Ebenso wie die Querschnittsformen sind auch die Anwendungen sehr vielfältig. Für unsere Zwecke ist interessant, dass allerlei nicht-lineare Effekte dafür sorgen, dass monochromatisches Licht spektral verbreitert werden kann – es entsteht ein breites Band. Nicht-lineare Effekte treten nur bei hohen Photonendichten auf. Man erhält solche hohen Dichten aus gepulsten Lasern, wo die Energie eben nicht kontinuierlich abgegeben, sondern in kurze Pakete zusammengeschnürt wird. Bei mäßiger mittlerer Intensität kann man so sehr hohe Intensitätsspitzen erzeugen. Speist man so eine hohe Intensität in eine mikrostrukturierte Faser ein, wird entlang der Faser das Spektrum breiter. Bei sehr hohen Intensitäten, erzeugt mit Pulsen von einigen Femtosekunden

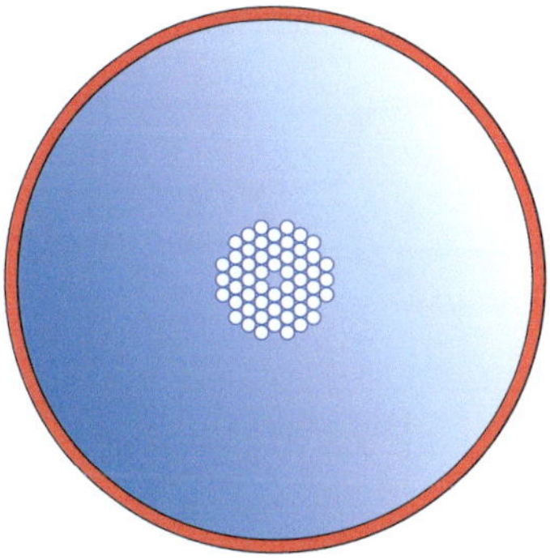

Abb. 4.4 Mikrostrukturierte Lichtleitfaser (*photonic crystal fiber*, PCF) mit einer Mikrostruktur aus hexagonal angeordneten lufterfüllten Röhren (*weiße Querschnitte*). Die Lichtleitung selbst findet im Zentrum dieser Struktur statt, das im dargestellten Fall glaserfüllt ist, aber selbst auch eine hohle Röhre sein kann. Die gesamte Mikrostruktur hat nur wenige zehn Mikrometer Durchmesser. Der größere Teil des Faserquerschnitts ist unstrukturiert und stabilisiert die Struktur mechanisch

(fs, 10^{-15} s), reichen schon wenige Millimeter, um das Spektrum auf mehrere Hundert Nanometer aufzufächern. Bei geringeren Intensitäten werden Fasern von wenigen Metern Länge benötigt.

Ein Weißlichtlaser lässt sich so aus drei Stufen zusammensetzen (Abb. 4.5). Zuerst erzeugt ein pulsierender Faserlaser (der „Saatlaser") monochromatische Lichtpulse. Das ist sozusagen das Metronom, das den Takt für die Pulse vorgibt. Diese Lichtpulse werden dann mit einem Verstärkerlaser auf die beachtliche Leistung von bis hin zu etwa 10 W Licht verstärkt. Speist man nun diese intensiven Pulse in die Mikrostrukturfaser, erhält man an deren Ausgang bei passend gewählter Länge ein breites Spektrum, für unsere Zwecke im sichtbaren Bereich zwischen 400 und 700 nm.

Ein so aufgebauter Weißlichtlaser für den sichtbaren Bereich des Spektrums ist eine für konfokale Mikroskopie hervorragend geeignete Lichtquelle. Soweit sie für die Beleuchtung in konfokaler Mikroskopie relevant sind, entsprechen die Strahleigenschaften denen von herkömmlichen Lasern. Nachdem die ersten Lichtquellen dieser Art noch sehr begrenzt in ihrer Intensität waren, ist es heute problemlos möglich, Geräte herzustellen, die mehrere Milliwatt pro Nanometer leisten. Für bildgebende Fluoreszenz ist das ausreichend. Im Regelfall wird die Lichtleistung sogar noch begrenzt, weil hohe Beleuchtungsintensitäten natürlich die meisten Fluorochrome schädigen. Durch diese Schäden würde einerseits durch Ausbleichen das Bild dunkler und verrauschter. Andererseits wirken die chemischen Produkte der gebleichten Farbstoffe oft sehr giftig, was mit Untersuchungen an lebenden Materialien nicht vereinbar ist.

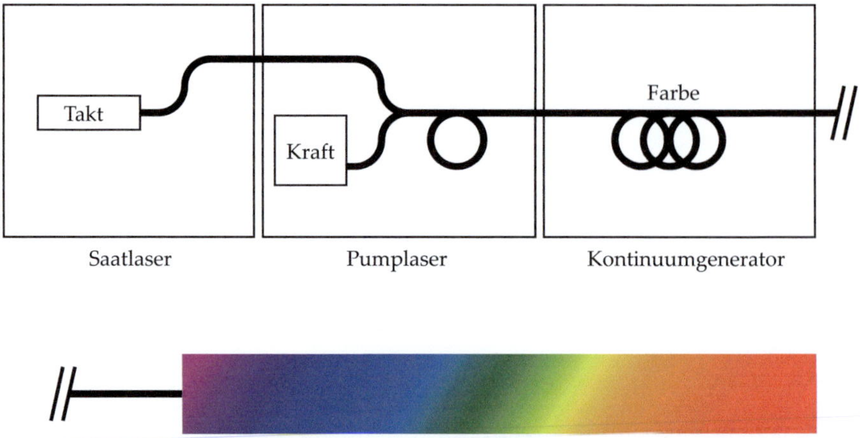

Abb. 4.5 Aufbau eines Weißlichtlasers in drei Stufen. Ein Saatlaser erzeugt Lichtpulse, die mit einem Pumplaser verstärkt werden. Dieses Licht wird in eine mikrostrukturierte Faser eingekoppelt, die ein farbliches Kontinuum generiert

Forschung und Technologieentwicklung für Faserlaser mit und ohne Mikrostrukturen der unterschiedlichsten Provenienz ist zurzeit ein großes Thema. Sicher wird es hier in naher Zukunft noch einige interessante Fortschritte geben. Der Wunschtraum, nämlich eine durchstimmbare Lichtquelle für Konfokalmikroskopie zu haben, ist jedenfalls in vollem Umfang Wirklichkeit geworden. Der Weißlichtlaser auf der Basis nicht-linearer Effekte in signifikantem Ausmaß in einer Superkontinuum-Faser ist der erste Schritt auf dem Weg zum weißen Konfokalmikroskop. Die Unstetigkeit der diskreten Laserlinien ist überwunden.

Literatur

1960 Maiman T: Stimulated Optical Radiation in Ruby. Nature 187:493–494. *(Originalarbeit zum Rubinlaser)*

1996 Knight JC, Birks TA, Russell PS et al: Supercontinuum generation in tapered fibers. Opt Lett 21:1547. *(Originalarbeit zu mikrostrukturierten Fasern)*

2003 Russell PSJ: Photonic crystal fibers. Science 299:358–362. *(Übersichtsartikel zu mikrostrukturierten Lichtleitfasern)*

2006 Borlinghaus RT, Gugel H, Albertano P et al: Closing the spectral gap – the transition from fixed-parameter fluorescence to tunable devices in confocal microscopy. Proc SPIE 6090. *(Erste Darstellung von Anregungs-/Emissionsmatrizen in der Mikroskopie)*

2009 Graf T: Laser – Grundlagen der Laserstrahlquellen. Vieweg + Teubner, Wiesbaden. *(Grundlagen-Lehrbuch zur Theorie und Technik von Lasern)*

5 Akustooptische Anregungsfilter

Zur Auswahl eines oder mehrerer Anregungsfarbbänder bzw. -laserlinien war die klassische Lösung, ein Sortiment verschiedenster Pass- und Bandfilter vorrätig zu halten und bei Bedarf den passenden Filter mechanisch in den Strahlengang einzuschwenken. Um die Intensität einstellen zu können (falls die Lichtquelle selbst nicht gut reguliert werden konnte), waren verschiedene Graufilter mit unterschiedlicher Transmission nötig. Die sich daraus ergebende komplexe servomechanische Anordnung ist nicht sehr flexibel, wenig effizient, störanfällig und aufwendig. In Abb. 4.3 ist so ein Aufbau skizziert. Hier sind fünf Laser mit jeweils einem Filterrad zur Abschwächung der Helligkeit eingezeichnet. Einer der Laser, der blaue Argon-Gaslaser muss zusätzlich mit einem Filterrad zur Farbauswahl ausgerüstet sein, da solche Laser mehrere Linien gleichzeitig emittieren. Bis alle Laserstrahlen vereinigt sind, muss jeder Strahl mit drei bis vier plan-optischen Elementen interagieren. Das Licht muss die Filter entweder durchstrahlen, oder es wird an einer Oberfläche reflektiert. Jede dieser Interaktionen vergrößert die Gefahr für Winkelfehler und Strahlversatz, was dazu führt, dass in der konfokalen Anordnung das zunächst korrekt positionierte Pinhole nicht mehr mit dem beleuchteten Fleck korreliert. Dadurch wird unter Umständen ein großer Teil der Fluoreszenzemission verworfen – die Bilder werden dunkel und sind verrauscht. Um dies zu vermeiden, muss ein großer Aufwand bei der mechanischen Stabilisierung und für die Justage getrieben werden.

Es war darum eine große Erleichterung, als akustooptische Elemente für das sichtbare Spektrum zur Verfügung standen. Im diesem Kapitel wird Licht in die Geheimnisse der akustooptischen Filter gebracht, es wird erläutert, wie solche Geräte funktionieren und was man damit in Strahlrastermikroskopen machen kann. Zunächst betrachten wir die Auswahl der Farben zur Beleuchtung. Eine weitere geniale Anwendung wird dann im nachfolgenden Kap. 6 beschrieben.

R. T. Borlinghaus, *Konfokale Mikroskopie in Weiß*, DOI 10.1007/978-3-662-49359-5_5

5.1 Wie funktioniert ein akustooptisch abstimmbarer Filter?

Zur Erläuterung der Auflösungsgrenzen in der Mikroskopie haben wir in Abschn. 1.3.1 Ernst Abbe folgend das Präparat als optisches Gitter betrachtet, um daraus etwas über die Auflösungskraft der Optik herauszufinden. Diese Gitter sind als zweidimensionale Strukturen gedacht, im Prinzip also unendlich dünne Objekte, die eine periodische Helligkeitsverteilung in wenigstens einer der beiden Dimensionen aufweisen. Die Strahlung tritt orthogonal oder schief zu dieser Ebene durch das Gitter und wird entsprechend dem Huygens'schen Prinzip in unterschiedliche Ordnungen gebeugt.

In ähnlicher Weise können auch dreidimensionale Gitter zu Beugungserscheinungen führen. Regelmäßig angeordnete Atome oder Moleküle bilden solche dreidimensionale Gitterstrukturen, die als Kristalle bekannt sind. Die Röntgenstrukturanalyse basiert auf der Messung von Beugungserscheinungen an solchen dreidimensionalen Gittern. Die hier relevante Regelmäßigkeit ist die periodische Struktur in der Fortbewegungsrichtung der Wellen in axialer Richtung. Die Röntgenstrukturanalyse ist heute ein vielfach angewendetes Verfahren für die Messung von Proteinstrukturen und deren Veränderungen, etwa durch Ionen oder Liganden. Leser, die solche Verfahren selbst einsetzen, sind mit den grundlegenden Konzepten sicher gut vertraut.

Durchstrahlt man einen Kristall mit Röntgenstrahlung, erhält man ein typisches Beugungsmuster. Um die Struktur in allen Richtungen messen zu können, wird der Kristall schrittweise senkrecht zum Strahl gedreht, damit die Strukturen aller Orientierungen in die Strahlrichtung kommen und so weitere spezifische Beugungsmuster erzeugen können. Aus dieser Vielzahl an Messungen wird anschließend die Position der Gitterplatzelemente zueinander berechnet.

Die Beugungseffekte entstehen durch Interferenz gestreuter Anteile der eingestrahlten Farben. Dabei hat nur die Zusammenwirkung von Streuereignissen von verschiedenen Positionen die gewünschte Wirkung (kollektive Streuung). Wegen der geringen Abstände der Atome und Atomgruppen in Kristallen müssen dort elektromagnetische Felder mit sehr kurzer Wellenlänge verwendet werden, weshalb Kristalle mit Röntgenstrahlung vermessen werden. In Abb. 5.1 ist so eine Kristallstruktur schematisch dargestellt. Die Zeilen von dunklen Kugeln symbolisieren jeweils eine ganze Gitterebene. In der z-Richtung liegen viele solche Ebenen übereinander, wir schauen gleichsam auf den Buchschnitt. Wenn Licht in verschiedenen Winkeln auf die Oberfläche strahlt, dann wird in den meisten Fällen der Strahl ungestört durch den Kris-

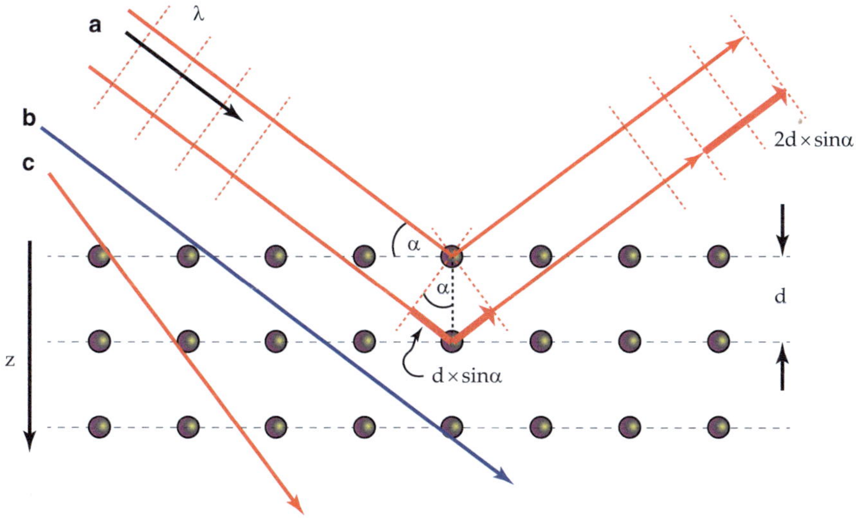

Abb. 5.1 Streuung von Lichtstrahlen in einem dreidimensionalen Gitter. **a** Für Licht der Wellenlänge λ bei einem Einfallswinkel von α unterscheidet sich die Phase des gestreuten Lichtes um ein Vielfaches der Wellenlänge. Damit ist die Bragg-Bedingung erfüllt und dieses Licht wird reflektiert. **b** Licht mit anderer Wellenlänge bei gleichem Einfallswinkel oder **c** Licht mit gleicher Wellenlänge bei anderem Einfallswinkel erfüllen die Bragg-Bedingung nicht und passieren das Substrat unverändert

tall hindurchtreten und ihn auf der anderen Seite wieder verlassen, wie das für die Fälle b) und c) in Abb. 5.1 eingezeichnet ist.

Im Fall a) trifft die im Winkel α eingestrahlte Wellenfront zunächst auf ein Atom in der oberen Gitterebene. Hier wird das Licht gestreut. Die zweite Ebene wird erst zu einem späteren Zeitpunkt getroffen, wobei die Wellenfront um den Betrag $d \cdot \sin\alpha$ fortgeschritten ist, wie man anhand der Abb. 5.1 nachvollziehen kann. Dabei ist d der Abstand zwischen den Gitterebenen. Auch an der zweiten Ebene wird das Licht gestreut. Wenn nun der gesamte Gangunterschied der beiden Streuereignisse, also $2 \cdot d \cdot \sin\alpha$, genau einem Vielfachen n der Wellenlänge λ entspricht, dann kann in der Reflexionsrichtung konstruktive Interferenz stattfinden, und man wird in dieser Richtung Licht nachweisen können. In Abb. 5.1 sind diese Gangunterschiede durch die kurzen dunkelroten Pfeile gekennzeichnet. Die Wellenzüge sind durch gestrichelte hellrote Linien angedeutet.

Dieser Zusammenhang wird durch die Bragg-Bedingung in eine Formel gefasst:

$$n \cdot \lambda = 2 \cdot d \sin\alpha. \qquad (5.1)$$

Bei einer gegebenen Kristallstruktur (wodurch der Gitterabstand d festgelegt wird) und einem gegebenen Einstrahlwinkel α tritt diese Ablenkung also nur bei einer ganz bestimmten Wellenlänge λ auf. Hat das eingestrahlte Licht viele Farben, dann kann nur eine davon der Bragg-Bedingung genügen. Auf diese Weise lässt sich diese eine Farbe von den anderen trennen. Das macht man sich nun für die Auswahl der Anregungsfarben im Fluoreszenzmikroskop zunutze.

Die Atomabstände in Kristallen sind von einer Größenordnung, die für die Analyse mit Röntgenstrahlen passt. Die Wellenlängen, die in der Mikroskopie benutzt werden, liegen im sichtbaren Bereich des Lichtes zwischen 400 und 800 nm. Das ist viel zu lang, um mit den Gitterebenen der Kristalle solche Effekte nutzen zu können. Darum wird hier ein anderer Weg eingeschlagen, der ähnliche Effekte zeitigt: die Akustooptik.

Gute Substrate für akustooptische Effekte sind Flüssigkeiten, die aber aus praktischen Gründen hier nicht zur Anwendung kommen. Deshalb werden optisch transparente Kristalle eingesetzt, üblich sind Siliziumdioxid (SiO_2, Quarz) oder Tellurdioxid (TeO_2). Die Theorie und die Konstruktion akustooptischer Bauteile sind recht komplex, hier soll nur die prinzipielle Wirkungsweise kurz skizziert werden.

Die Kristalle müssen in korrekter Geometrie und entlang der richtigen Kristallflächen geschnitten werden. An einer Seite des akustooptischen Kristalls wird ein Piezokristall als Wandler angebracht. Dieser Piezo ändert seine Dicke abhängig von einer angelegten elektrischen Spannung. Mit einer elektrischen Wechselspannung betrieben, erzeugt er eine mechanische Schwingung. Diese mechanische Schwingung wird über die Verbindung der beiden Kristalle in den akustooptischen Kristall übertragen. Dort pflanzt sich diese Schwingung bis auf die gegenüberliegende Seite fort, von der die Energie mittels eines Absorberelementes abgeleitet wird.

Die sich im Kristall fortpflanzende mechanische Schwingung geht einher mit einer Änderung der Abstände der Kristallbestandteile, folglich gibt es im Kristall Zonen unterschiedlicher Dichte – die mechanischen Schwingungen im Kristall sind demnach Dichteschwingungen. Das entspricht unserem Alltagsverständnis von gewöhnlichem Schall, der Dichteschwingungen in der Luft bezeichnet. Daher die Begriffsbildung „Akustooptik“ (Abb. 5.2).

Die Wellenlänge der Schallwelle im Kristall wird durch die Frequenz vorgegeben, mit welcher der Piezo-Wandler betrieben wird, und lässt sich über weite Bereiche kontinuierlich verändern. Für den sichtbaren Bereich werden üblicherweise Frequenzen zwischen 100 und 300 MHz eingesetzt. Das sind Frequenzen, wie sie für elektromagnetische Schwingungen im Radiowellenbereich anzutreffen sind, weshalb man auch hier von „RF“-Anregung spricht (Radiofrequenz). Da der Brechungsindex eines Materials sich mit dessen Dichte ändert, entsteht durch die Schallwelle im Kristall eine sich periodisch ändernde Dichtestruktur, die als Indexgitter bezeichnet wird. Dieses Gitter

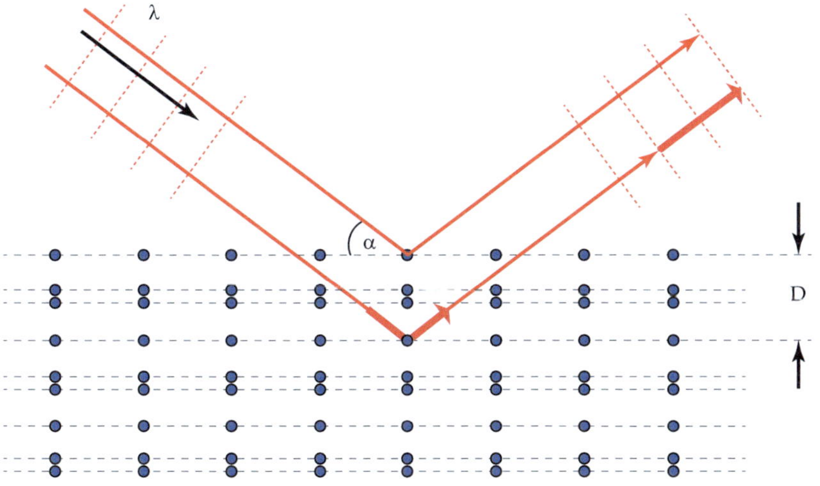

Abb. 5.2 Dichteschwankung in einem akustooptischen Kristall, angedeutet durch die unterschiedlichen, aber periodischen Abstände der Gitterebenen. Die Gitterkonstante *D* entspricht dabei der Wellenlänge des Schalls im Kristall

kann nun mit dem eingestrahlten Licht in ähnlicher Weise interagieren, wie es für das Röntgenlicht in der Kristallanalyse beschrieben ist. Da das Indexgitter nicht statisch ist, sondern einer sich fortbewegenden Schallwelle entspricht, ändert sich auch die Frequenz des Lichtes bei der Interaktion (Brillouin-Streuung). Aus dem täglichen Leben ist diese Erscheinung beim Martinshorn durch den Dopplereffekt eines fahrenden Autos bekannt. Die Unterschiede sind aber so gering, dass sie für unsere Zwecke völlig vernachlässigt werden können.

Wir können nun die mechanische Anregung so einstellen, dass die Bragg-Bedingung gerade für Licht einer gewünschten Wellenlänge λ gültig ist. Wird nun eine Mischung aus Licht verschiedener Farben eingestrahlt, dann erscheint nur das Licht der Farbe λ in einer anderen Richtung als der ungestört durchgehende Strahl, der alle anderen Farben enthält. Die abgelenkte Richtung bezeichnet man als 1. Ordnung, die unveränderte Richtung als 0. Ordnung. Der Anteil der abgelenkten Farbe lässt sich dabei über die Amplitude der Schallwelle kontinuierlich regeln. Das heißt: Die Intensität in der 1. Ordnung hängt von der Intensität der eingespeisten RF-Energie ab und ist durch diese einstellbar.

Die zur Schallwelle gehörenden Größen werden hier mit großen Buchstaben bezeichnet. So entspricht die Gitterkonstante D des Indexgitters dabei der Wellenlänge Λ_S der Schallwelle im akustooptischen Kristall. Sie ist durch die Schallgeschwindigkeit C_S und die Frequenz F_S bestimmt. Dabei wird F_S über die Anregungsfrequenz RF eingestellt.

5.2 Mehrkanaldimmer für Laserlicht

Was können wir nun mit so einem akustooptischen Element in der konfokalen Mikroskopie anfangen? Der erste Einsatz akustooptischer abstimmbarer Filter (*acousto optical tunable filter*, AOTF) war die Manipulation des Anregungslichtes. Um für die verschiedenen Farbstoffe jeweils passende Anregungswellenlängen zur Verfügung zu haben, wurden in den Zeiten vor der Verfügbarkeit von echten Weißlichtlasern mehrere konventionelle Laser zu Laserbatterien zusammengekoppelt. Die Wellenlängen dieser Laser sind fest vorgegeben. Um aus Lasern mit mehreren Linien die gewünschten auszufiltern, waren Filterräder mit vielerlei Farbfiltern vonnöten (Abb. 4.3). Auch die Abschwächung der Intensität musste durch eine Serie von Graufiltern (ein Filterrad für jeden Laser) bewerkstelligt werden, um die Laser bei minimalem Rauschen betreiben zu können.

Diese komplexe Zusammenstellung lässt sich durch einen einzigen AOTF ersetzen, und man gewinnt dabei gleich noch ein paar weitere Vorteile, sozusagen als Zugabe (Abb. 5.3).

Der AOTF wird zwischen die Laserbatterie und das Mikroskop so eingebaut, dass die 1. Ordnung – das ist der abgelenkte Strahl – in den Beleuchtungsstrahlengang des konfokalen Mikroskops trifft. Wird nun der Kristall mit einer passenden Frequenz angeregt, kann man jede beliebige Laserlinie in die 1. Ordnung dirigieren und damit die Anregung der gewünschten Fluo-

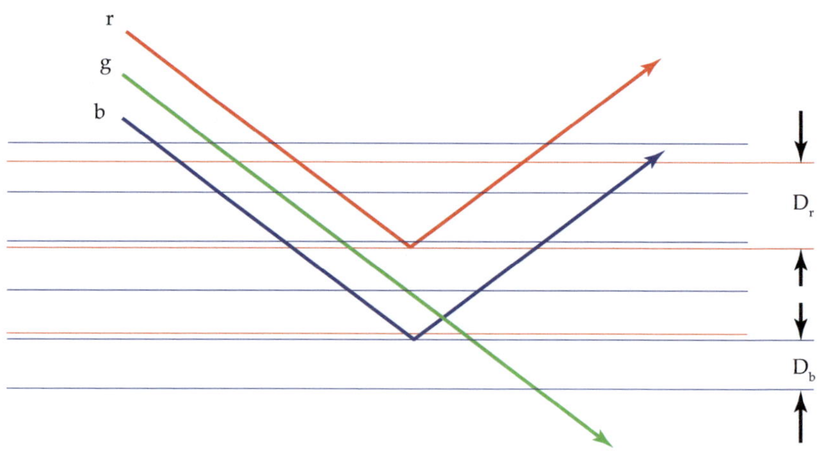

Abb. 5.3 Durch Schallwellen unterschiedlicher Höhe lassen sich gleichzeitig verschiedene Farben aus einem Gemisch ablenken. Im Beispiel werden die *rote Farbe r* durch einen Ton der Wellenlänge D_r und die *blaue Farbe b* durch einen Ton der Wellenlänge D_b in die 1. Ordnung abgelenkt. Die *grüne Farbe g* pflanzt sich geradlinig durch den Kristall fort

reszenzfarbstoffe auswählen. Der Kristall ist bezüglich der Farbe im Rahmen der üblichen Anregungen frei abstimmbar, also ein „weißes" Element im konfokalen Mikroskop. Dabei kann man gleichzeitig mehrere Radiofrequenzen einspeisen. So lassen sich auch die Laserlinien fast beliebig kombinieren. Linienfilter werden damit obsolet. Die Zahl der Linien wird in der Regel aber auf acht begrenzt, schon aus Kostengründen, da für die gewünschte Zahl von Linien im gleichzeitigen Betrieb auch dieselbe Zahl von RF-Signalen erzeugt werden muss – die Kosten für die Elektronik nehmen linear mit der Zahl der Linien zu. Mit acht Laserlinien lassen sich aber bereits 255 verschiedene Kombinationen von Anregungsfarben erzeugen (Abb. 5.4).

Da neben der Auswahl der Farben auch die Amplitude der anregenden mechanischen Welle stufenlos variiert werden kann, ist auch der Anteil des in der 1. Ordnung erscheinenden Lichtes stufenlos einstellbar. So erhält man mit

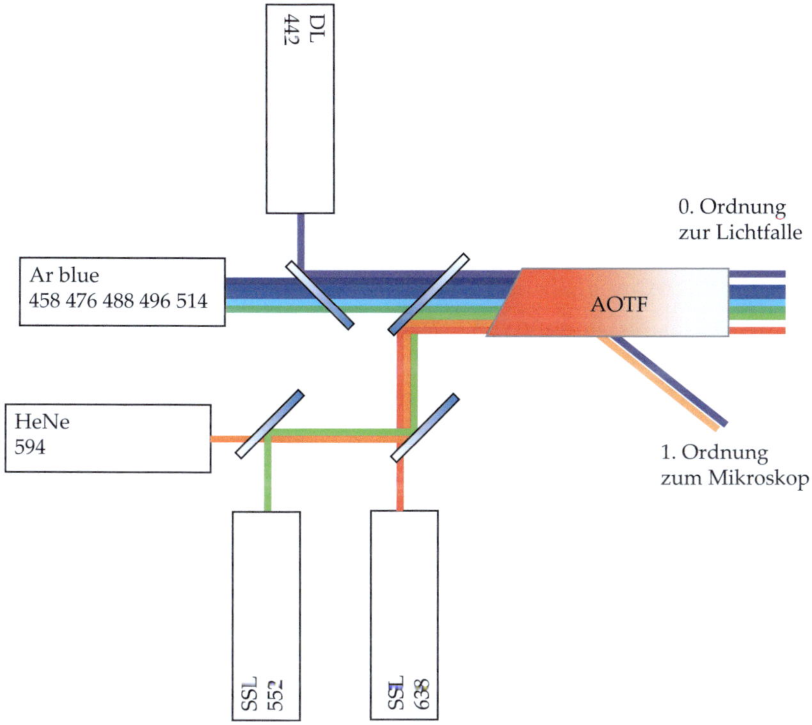

Abb. 5.4 Ein AOTF ersetzt alle Filterräder bzw. -schieber, die selbst nochmals mit mehreren Einzelfiltern bestückt sind. Aus dem zusammengekoppelten Laserbündel werden im AOTF die gewünschten Farben in den gewünschten Intensitäten über die 1. Ordnung in das Mikroskop zur Beleuchtung eingekoppelt. Alle anderen Farben enden in einer Lichtfalle. (Die Farben sind hier nebeneinander angeordnet – in Wahrheit sind sie natürlich koaxial, und räumlich homogen gemischt)

dem AOTF einen vielkanaligen „Dimmer", der für jede Laserlinie unabhängig die Helligkeit regeln kann. Graufilter werden damit überflüssig.

Neben der Anpassung der Beleuchtungsstärke an die Helligkeit der Fluoreszenzfärbung und an die Empfindlichkeit zum Ausbleichen hat man mit der stufenlosen Intensitätsregelung eine weitere Möglichkeit, das Übersprechen der Fluoreszenzemissionen in verschiedene Kanäle zu verringern oder ganz zu unterbinden. Sehr helle Färbungen, die signifikant in andere Kanäle streuen, kann man einfach durch einen Regler in der Software abschwächen oder schwächere Signale auf demselben Wege etwas anheben. So lassen sich ausgewogene Intensitäten für alle Fluoreszenzfarbstoffe erzielen, sowohl für simultane Aufnahmen als auch bei sequenzieller Aufzeichnung der Fluoreszenzen.

Ein weiterer Vorzug des AOTFs gegenüber konventionellen Filtern ist die Geschwindigkeit, mit welcher der Kristall „umprogrammiert" werden kann. Es dauert nur ein paar Mikrosekunden, um eine neue Farbmischung zur Beleuchtung zur Verfügung zu haben. So schnell lassen sich Filterräder nicht bewegen. Mit solch kurzen Schaltzeiten wird es beispielsweise möglich, eine Zeile zunächst mit der ersten Farbe, dann in einem zweiten Durchgang mit der zweiten Farbe zu beleuchten und jeweils die dadurch angeregten Signale zu messen. Das Übersprechen kann durch eine derartige sequenzielle Aufnahme nochmals signifikant unterdrückt werden. Mit klassischen mechanischen Filterwechslern ist eine solche sequenzielle Aufnahme allenfalls zwischen den einzelnen Bildern möglich und auch nur bei sehr geringen Bildfrequenzen. Die zeilenweise Umschaltung hat den Vorteil, dass in lebenden Zellen eventuelle Bewegungsartefakte vermieden werden. Für den Anwender ergibt sich der praktische Nutzen, dass man die Entstehung des zweifarbigen Bildes direkt verfolgen kann und nicht erst die Aufnahme des ersten Kanals ganz abwarten muss, bevor der zweite dazu gemessen wird. Durch sequenzielle Verfahren dauert die Aufnahme natürlich länger – bei *k* Durchgängen ist die Aufnahmerate *k*-mal langsamer. Nur parallele Aufnahme aller Kanäle erlaubt die höchste Geschwindigkeit. Unseriöse Autoren bezeichnen auch eine sequenzielle Aufnahme im Linienmodus als simultan, weil dem Betrachter oft nicht auffällt, dass die Daten in Wirklichkeit zeilenweise hintereinander aufgezeichnet werden.

Die sequenzielle Aufnahme wird dann obligat, wenn man über ein Gerät verfügt, das nur einen einzigen Fluoreszenzkanal aufweist. Mit diesem einen Kanal lassen sich hintereinander viele verschiedene Fluorochrome aufnehmen, und die so gewonnen Bilder können dann zu einem vielkanaligen Datensatz zusammengefügt werden. Je nachdem, wie schnell die Farben umgeschaltet werden können, kann eine sequenzielle Aufnahme zeilenweise geschehen oder bildweise. Im letzteren Fall werden immer ganze Bilder aufgezeichnet und anschließend überlagert. Die elektronischen Daten aller Mehrkanalaufnahmen, ob sequenziell oder simultan aufgenommen, bleiben immer separiert, sodass eine sinnvolle Quantifizierung jederzeit möglich ist.

Ein weiterer pfiffiger Einsatz der hohen Schaltgeschwindigkeit ist die Möglichkeit, nur in vorab ausgewählten Bereichen die Beleuchtung einzuschalten (Abb. 5.5). Möchte man in einem Zellrasen nur ausgewählte Zellen belichten – beispielsweise zur Aktivierung eines Sondenfarbstoffes –, dann kann man mit einem Kursor die gewünschten Zellen umfahren und einen sogenannten ROI-Scan (*region of interest*) starten, den man auf Deutsch etwa „Bereichsabtastung" nennen kann. Hier wird der AOTF so gesteuert, dass in jeder Zeile zunächst kein Licht auf die Probe trifft. In dem Moment, in dem der Lichtpunkt den markierten Bereich erreicht hat, wird das Licht eingeschaltet und beim Verlassen des Bereiches wieder ausgeschaltet. So wird insgesamt nur die gewählte Fläche belichtet. Natürlich kann man auch mehrere Flächen definieren, und es ist auch möglich, in jeder Fläche eine andere Farbe bzw. Farbkombination zu wählen. Der Komplexität der Aufnahmeverfahren sind hier – außer der Sinnfülle – keine Grenzen gesetzt.

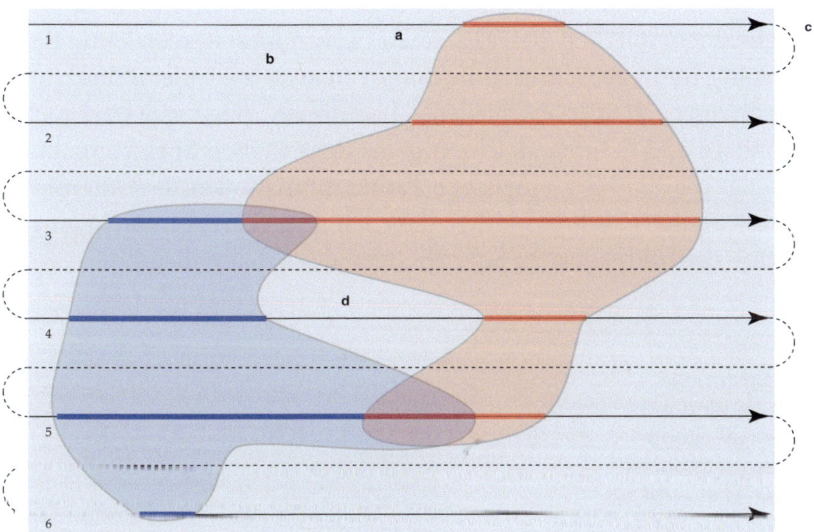

Abb. 5.5 ROI-Scan. Ein schnelles Schaltverhalten des AOTFs ermöglicht zusätzliche Aufzeichnungsmodalitäten. Hier ist schematisch ein Bild gezeigt, das aus sechs Zeilen besteht (*graues Fenster*). Innerhalb einer Zeile lässt sich die Beleuchtung aus- oder einschalten, wie bei **a** zu sehen ist. Damit lassen sich beliebig gestaltbare Muster (*regions of interest*, ROI) im Bild selektiv beleuchten. Um das Präparat vor unnötiger Belichtung zu schützen, kann das Licht auf dem „Rückweg" (bei **b**), und während der Strahl wendet (bei **c**) ausgeschaltet bleiben. Während einer Zeile kann das Licht nicht nur aus- oder eingeschaltet werden, es lassen sich nahezu beliebige Beleuchtungsregimes definieren (**d**), die für verschiedene, auch überlappende ROIs definiert werden können

5.3 Spektrale Freiheit: AOTF und Weißlichtlaser

Da die Farbe, die in die 1. Ordnung gebeugt wird, beliebig eingestellt werden kann, entfaltet der akustooptische Filter seine umfangreichen Möglichkeiten erst richtig in Verbindung mit einer spektral kontinuierlichen Lichtquelle. So wie ein gewöhnlicher Anregungsfilter aus dem weißen Licht einer Bogenlampe ein Band ausschneiden kann, so lässt sich mit dem AOTF aus dem weißen Spektrum ein schmales Bändchen abbeugen und zur Beleuchtung nutzen. Dazu muss der AOTF auf die Radiofrequenz für die gewünschte Farbe eingestellt werden. Alle anderen Farben passieren den Kristall unverändert.

Die Breite eines solchen Bändchens ist von der Konstruktion des AOTFs und von der Wellenlänge abhängig und kann selbst nicht verstellt werden. Zwischen blauem und rotem Licht liegt sie ganz grob zwischen 1 und 3 nm. Damit sind diese Bändchen deutlich breiter als Laserlinien, aber auch deutlich schmaler als übliche Bandpassfilter.

Die Verknüpfung eines Weißlichtlasers mit einem akustoopischen Filter lässt damit nicht nur eine schnelle und stufenlose Änderung der Intensität zu, sondern auch eine kontinuierliche Auswahl der Wellenlänge des Anregungslichtes (Abb. 5.6). Dazu muss man nur in der Bedienoberfläche einen weiteren Regler einbauen, mit dem dieser Parameter kontrolliert werden kann. Bei einer Ansteuerung in 1-nm-Schritten bekommt man so aus einem Spektrum von 200 nm Breite auch 200 verschiedene „Laserlinien". Und weil man nicht nur eine, sondern viele Linien gleichzeitig aus dem weißen Spektrum abbeugen kann, steigt die Zahl der möglichen Farbkombinationen ins Unermessliche. (Es muss lediglich beachtet werden, dass sich zwei Bändchen nicht allzu nahe kommen – das führt sonst zu Schwebungen der Schallwellen.)

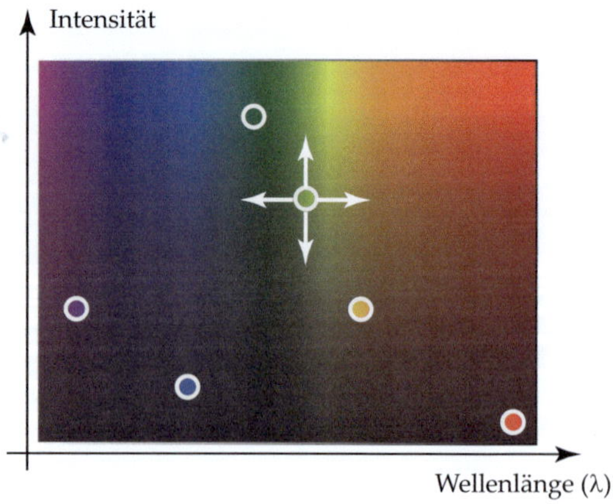

Abb. 5.6 Eine weiße Laserlichtquelle (WLL) in Verbindung mit einem akustooptischen abstimmbaren Filter (AOTF) erlaubt für viele Anregungsbändchen (hier beispielhaft fünf), die Farbe und die Helligkeit individuell, stufenlos und unabhängig einzustellen. Das ist durch den *Vierfachpfeil* hier angedeutet

Damit ist die Kombination aus einem weißen Laser und einem akustooptischen durchstimmbaren Filter die ideale Lichtquelle für die konfokale Mikroskopie; insbesondere für Aufnahmen von Mehrfachfluoreszenzfärbungen, die ja den Alltag in der biomedizinischen Forschung ausmachen.

Eine in der beschriebenen Weise stufenlos farblich einstellbare Lichtquelle vergrößert auch den experimentellen Freiraum. Es lassen sich nun Bilder in Sequenzen aufzeichnen, für die schrittweise die Anregungswellenlänge verändert wird. So entstehen Bildstapel, bei denen die dritte Dimension nicht die axiale Tiefe, sondern die Anregungsfarbe ist. Mit solchen „Anregungsspektren" lassen sich die verschiedensten Experimente gestalten. Eine wichtige Anwendung ist beispielsweise, herauszufinden, welche Farbe zur Anregung der im Präparat vorhandenen Farbstoffe denn am besten geeignet ist. Zwar werden Absorptionsspektren für viele Farbstoffe veröffentlicht, aber oft für Lösemittel oder in Umgebungen, die nicht der aktuellen experimentellen Situation entsprechen. Hier schafft das Anregungsspektrum Klarheit. Die gemessenen Kurven zeigen, wie sich die Fluorochrome tatsächlich unter den Bedingungen des Experimentes verhalten.

Mit dem durchstimmbaren Laser, komponiert aus einer weißen Laserquelle und dem akustooptischen durchstimmbaren Filter ist die erste Stufe des weißen Konfokalmikroskops erreicht: Die Anregungsfarbe lässt sich beliebig einstellen.

Damit wird aber auch schon gleich die zweite Stufe sichtbar, die es zu erklimmen gilt: Der Strahlteiler, der für die Fluoreszenz-Auflichtmikroskopie ja erforderlich ist, lässt sich noch nicht stufenlos einstellen. Das nun folgende Kap. 6 beschäftigt sich mit dieser Aufgabe.

Literatur

1996 Harris SE, Wallace RW: Acousto-Optic Tunable Filter. J Opt Soc Am 59(6):744–747. *(Originalarbeit zum Thema AOTF)*

2012 Borlinghaus RT. The White Confocal. Eur Phys J Plus 127(10):131–139. *(Vom AOTF zum weißen Laser)*

6 Weiße Strahlteilung

Wir haben bis jetzt einen weißen Laser, aus dem sich mittels des akustooptischen durchstimmbaren Filters beliebige Farbbändchen und deren Kombinationen auswählen lassen. Im sichtbaren Bereich kann man auf diese Weise etwa 200 „Linien" auswählen. Bei gleichzeitig acht solcher Linien aus 200 möglichen ergeben sich daraus rein theoretisch einige Trillionen verschiedene Farbkombinationen zur Anregung. An Flexibilität lässt das Verfahren also keine Wünsche offen. So weit, so gut.

Spätestens bei der nächsten Stufe tauchen aber Fragezeichen auf: Wie kann man diese Vielfalt über sinnvolle Strahlteiler in den Auflicht-Beleuchtungsstrahl einkoppeln? Und wie kann man diese Einkoppelung gestalten, damit sie der Wellenlänge folgt, wenn man die Lichtquelle kontinuierlich in ihrer Farbe ändert?

Am einfachsten wäre der Einsatz eines Grauteilers etwa mit einer Teilung 80/20 (Abschn. 2.2.5). Dabei geht aber immer 80 % der Laserleistung verloren. Und von der kostbaren Emission verliert man dennoch ein Fünftel. Andere Konzepte schlagen einen Farbverlaufsteilerspiegel vor. Das sind dichroitische Flächen, deren spektrale Eigenschaft bezüglich Reflexion und Transmission sich entlang einer Ausdehnung des Teilers ändern. Neben der schwierigen Produktion und der geringen Güte solcher Elemente sind sie zudem immer nur für eine einzige Teilung verwendbar. Mehrere Farben können nur sequenziell bearbeitet werden, wobei zwischen den einzelnen Aufnahmen der Farbverlaufsteiler mechanisch bewegt werden muss. Auch das ist keine elegante Lösung.

Ebenso wäre eine Bevorratung mit einer Sequenz von dichroitischen Spiegeln denkbar. Hier werden die einzelnen Teilerspiegel bei ihrer Nominalwellenlänge und etwas darüber und darunter eingesetzt. Im Ergebnis ist die Verwendung „darüber" und „darunter" nicht optimal. Hinzu kommt, dass die Intensitäten davon abhängig sind, an welcher Position des Teilers man die Daten aufnimmt. Auch hier lässt sich eine Lösung für simultane Mehrkanalaufnahmen nicht realisieren, Multiparameter-Fluoreszenzbilder müssen sequenziell aufgenommen werden.

R. T. Borlinghaus, *Konfokale Mikroskopie in Weiß*, DOI 10.1007/978-3-662-49359-5_6

6.1 Akustooptische Strahlteiler

Eine geniale Lösung besticht oft durch kompakten Aufbau und Eleganz. So ist es mit dem akustooptischen Strahlteiler (AOBS, *acousto optical beam splitter*). Wir haben gesehen, dass ein akustooptisches Element so beschaltet werden kann, dass bei farbiger Beleuchtung auf der Eingangsseite nur ausgewählte Farben in der 1. Ordnung austreten, alle anderen Farben findet man in der 0. Ordnung (Abb. 6.1). Nun muss man dieses Gerät „nur" verkehrt herum betreiben, und schon hat man das gewünschte Ergebnis.

Dazu wird ein (weiterer) akustooptischer Kristall so in den Strahlengang eingebaut, dass die 0. Ordnung auf den Detektor gerichtet ist. Der ursprüngliche „Eingang" zeigt in Richtung des Präparates (Abb. 6.2). Das Laserlicht wird so eingekoppelt, dass es in die 1. Ordnung des akustooptischen Teilers einstrahlt. Wird nun die Radiofrequenz so eingestellt, dass Licht der gewünschten Anregungswellenlänge im normalen Betrieb abgelenkt würde, dann folgt, dass das Anregungslicht jetzt koaxial mit der optischen Achse des Mikroskops den Kristall verlässt und im Präparat Fluoreszenz anregen kann.

Das lässt sich freilich mit jeder beliebigen Farbe machen, wie im Kap. 5 beschrieben. Und es lassen sich auf diese Weise auch beliebige Kombinationen von Laserlinien zur Anregung einkoppeln. Ebenso schnell, wie die Auswahl im AOTF stattfindet, kann auch das Regime für die Ablenkung der gewünschten Farben innerhalb weniger Mikrosekunden verändert werden. Die Beleuchtung ist jetzt ebenso beliebig und schnell abstimmbar. Damit ist die Hälfte der Funktion eines klassischen Strahlteilers ersetzt: Das gewünschte Licht zur Beleuchtung gelangt auf die Probe. Was geschieht mit der Emission?

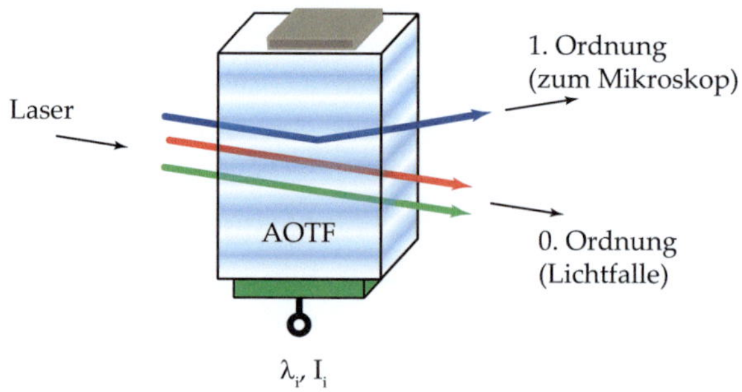

Abb. 6.1 Funktion eines akustooptischen Kristalls als abstimmbarer Filter (AOTF). Über einen Wandler (*grünes Kästchen*) werden im Kristall Schallwellen (*hellblau*) eingespeist, die ausgewählte Farben (hier *blaues Licht*) ablenken, andere Farben (hier *rot* und *grün*) aber durchlassen. Erstere erscheinen in der 1. Ordnung, Letztere in der 0. Ordnung. Die Schallwellen zur Ablenkung werden für die Farben (λ_i) und deren Intensitäten (I_i) über eine Elektronik angesteuert. Es können gleichzeitig viele Farben kontrolliert werden, wobei man sich üblicherweise auf unter zehn beschränkt

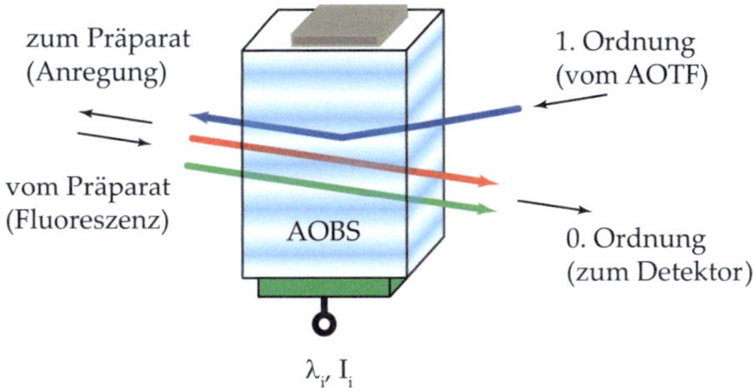

Abb. 6.2 Akustooptischer Strahlteiler (AOBS). Gleiche Ansteuerung wie in Abb. 6.1, aber *blaues Licht* wird in umgekehrter Richtung in die 1. Ordnung eingespeist. Der Kristall lenkt es so auf die optische Achse des Mikroskops und damit auf das Präparat. Dort wird Fluoreszenz angeregt. Die Emission ist Stokes-verschoben und daher von größerer Wellenlänge (hier beispielhaft *rot* und *grün*). Da diese Wellenlängen nicht zur Schallwelle im Kristall „passen", wird das Emissionslicht unverändert durch den Kristall hindurchtreten. Anschließend kann es in einem Mehrkanaldetektor aufgespalten und nachgewiesen werden

Die eingekoppelten Farben regen im Präparat Fluoreszenzmoleküle an. Wegen der Stokes-Verschiebung entspricht die anschließend abgegebene Wellenlänge nicht jener der Anregung, sondern sie wurde mehr oder weniger ins Rote verschoben. Das bedeutet, dass das Licht der Fluoreszenzemission den Kristall ungehindert durchtritt, da die RF ja nur für die Anregungsfarbe passt. Für die Emission ist der Kristall völlig inaktiv, er verhält sich wie ein Stück Glas. Man kann also die gesamte Emission ohne merkliche Verluste jenseits des Kristalls in der 0. Ordnung mit einem Detektor nachweisen.

Tatsächlich ist der Aufbau eines akustooptischen Strahlteilers komplexer (und kostspieliger), da durch die Geometrie des Kristalls das Licht dispergiert wird. Es müssen geeignete Maßnahmen ergriffen werden, um diese Dispersion zu kompensieren. Der AOBS ist also technisch nicht einfach nur ein umgedrehter AOTF, die Wirkung entspricht aber genau dieser Sichtweise.

Gegenüber klassischen Teilerspiegeln hat ein akustooptischer Strahlteiler einige Vorteile: Die Bändchen für die Anregung können frei programmiert werden. Es müssen keine zusätzlichen Elemente gekauft und eingesetzt werden, wenn man die Anregungsfarbe verändert. Da keine Masse bewegt werden muss, sondern nur die Schwingfrequenz im Wandler umprogrammiert wird, können die Bändchen sehr schnell umgeschaltet werden. Das ist wichtig für die sequenzielle Datenaufnahme, insbesondere, wenn zeilenweise umgeschaltet werden muss. Auch für den schon beschriebenen ROI-Scan kann – entsprechend den unterschiedlichen Farbkombinationen zur Beleuchtung – die Strahlteilung gleich mit umgeschaltet werden. Da das ganze System optisch nur aus einem fest montierten Kristall besteht, muss nichts zueinander justiert werden. Bei Teilerspiegeln ist die Justage kritisch, da sich das Bauelement innerhalb der konfokalen Abbildung befindet und kleine Winkelfehler dazu führen können, dass Beleuchtungs- und Beobachtungspunkt sich nicht decken. Schließlich sind die Bändchen für die Anregung durch einen AOBS schmal, sie liegen im Bereich von wenigen Nanometern, die Durchlässigkeit für die Fluoreszenzemission, die ja die komplementären Bänder passieren muss, ist deshalb sehr hoch. So stehen mehr Photonen für die Bildentstehung zur Verfügung, und das Signal-Rausch-Verhältnis verbessert sich: Die Bilder sind brillanter, oder alternativ kann die Laserenergie zurückgenommen werden, um das Präparat zu schonen.

Ein für die praktische Arbeit gewichtiger Vorteil, sozusagen als Zugabe, ist die Tatsache, dass der Benutzer eines solchen Gerätes sich gar keine Gedanken um die Art des Teilerspiegels machen muss, der eingesetzt werden soll. Da AOTF und AOBS auf derselben Technologie beruhen, können mit einem gemeinsamen Bedienelement die gewünschten Farben und ihre Intensität

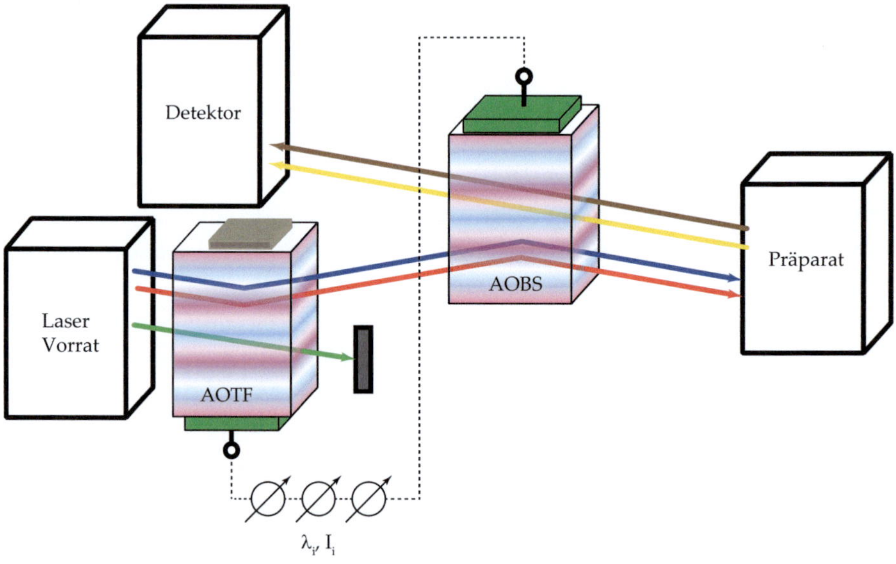

Abb. 6.3 Die Kombination von AOTF und AOBS erlaubt die Injektion beliebiger Farben aus dem Vorrat an Laserlinien. Zur Anregung sind hier *rot* und *blau* gewählt. Ungewünschte Farben (hier *grün*) werden ausgeschlossen. Gleichzeitig werden alle Bänder außerhalb der Anregungsbändchen durchlässig. Das von der Probe abgegebene Licht (hier *gelb* und *braun*) kann mit hoher Effizienz zum Detektor geleitet werden. Da die Funktion sowohl des AOTF als auch des AOBS auf der Steuerung identischer Kristalle beruht, werden beide Bausteine durch dieselben Kontrollelemente angesteuert (*gestrichelte Linie*, eingezeichnet sind beispielhaft drei Parametersätze). Es reicht, die Anregungsfarbe auszuwählen. Die korrekte Strahlteilung wird automatisch eingestellt

eingestellt werden. Alles Weitere regelt die Elektronik, die für beide Kristalle gekoppelt ist. Versehentlich falsch ausgewählte Teilerspiegel gehören damit der Vergangenheit an (Abb. 6.3).

6.2 AOBS und weiße Quelle

Wo der akustooptische Farbteiler schon in Geräten mit gewöhnlichen Lasern die Arbeit vereinfacht und das Ergebnis verbessert, öffnet sich in Verbindung mit einer weißen Quelle nochmals eine neue Dimension. Für Weißlichtlaser ist nur der AOBS eine sinnvolle Teilerkonzeption, alle anderen bis dato bekannten Verfahren sind mit größeren Verlusten behaftet und technisch nicht sinnvoll realisierbar.

Zur Auswahl einer oder mehrerer Farben aus dem Spektrum des weißen Lasers hatten wir im Abschn. 6.1 gesehen, dass ein akustooptischer abstimmbarer Filter genau diese Aufgabe meistert: Es lässt sich eine Serie verschiedener Farben, die aus dem gesamten Spektrum frei ausgewählt werden können, in den Strahlengang des Mikroskops „umleiten". Dazu wird der AOTF-Kristall mit den zu den gewünschten Farben passenden Radiofrequenzen angesteuert. Man braucht jetzt nur dieselben Radiofrequenzen auch im Teilerkristall anwenden und erhält ohne weitere Maßnahmen sofort einen Anregungspfad, in dem die frei programmierbaren Farben aus dem weißen Spektrum in das Präparat geleitet werden (Abb. 6.4).

Da so die Anregungsfarbe beliebig eingestellt werden kann, liegt es nahe, auch die Antwort des Präparates in Abhängigkeit von der Anregungswellenlänge zu vermessen (Lambda-Abtastung der Anregung). Dazu werden Bilder oder Bildstapel mit inkrementell variierter Wellenlänge aufgenommen. Das Ergebnis ist eine Serie von Daten, die in jedem Bildelement ein Anregungsspektrum der in diesem Bildelement vorhandenen Farbstoffe enthält.

Die Anregungsspektren lassen sich für jedes Bildelement graphisch darstellen. Üblicherweise fasst man aber viele Bildelemente in einem vorher definierten Interessensbereich (ROI, *region of interest*) zusammen.

So eine Messung ist, wie schon erwähnt, nicht nur für die Charakterisierung neuer Farbstoffe interessant, man kann damit auch herausfinden, mit welcher Wellenlänge am besten die vorhandenen Farbstoffe angeregt werden. Zwar sind für fast alle Fluorochrome Literaturwerte über die Anregungs- und Emissionscharakteristik verfügbar, die spektralen Eigenschaften hängen aber auch von der molekularen Umgebung des Farbmoleküls ab, wie etwa vom pH-Wert, von der Polarität und von An- bzw. Abwesenheit anderer molekularer Komponenten oder Ionen. Auch elektrische Potenzialdifferenzen spielen da-

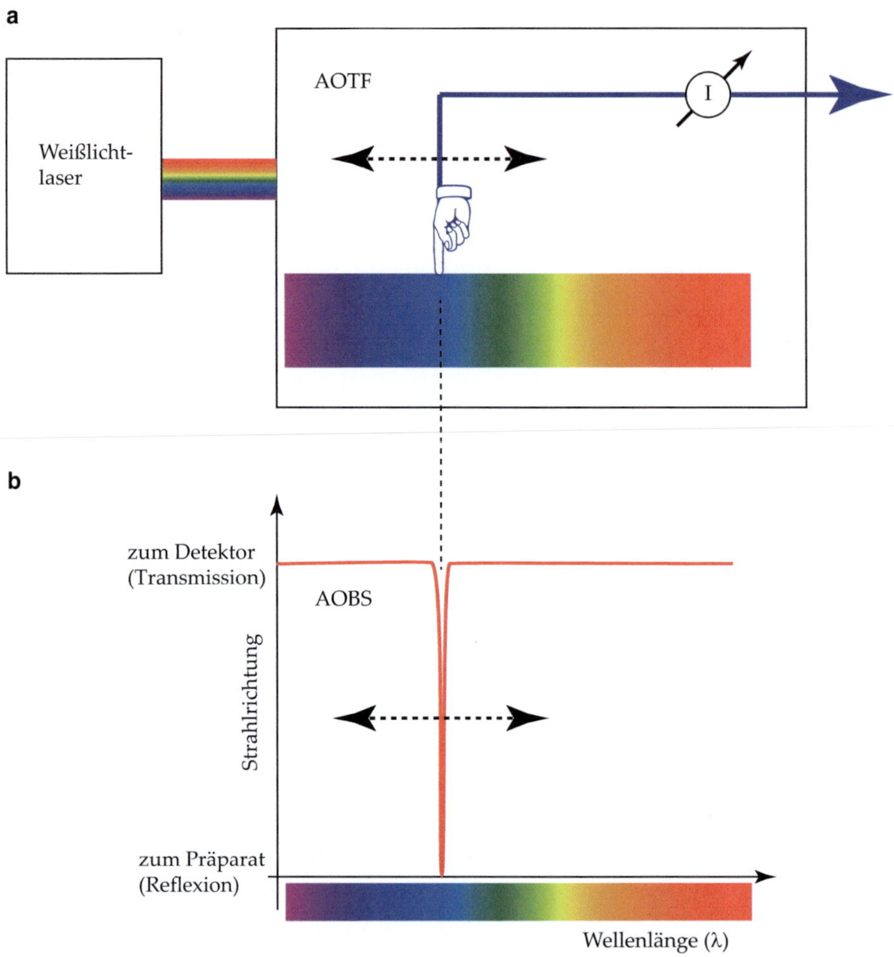

Abb. 6.4 **a** Kontinuierliche Auswahl aus dem weißen Spektrum eines Superkontinuum-Lasers. Der *gestrichelte Doppelpfeil* deutet den variablen Abgriff aus dem Spektrum durch den AOTF an. In diesem Beispiel wird blaues Licht zum Mikroskop geleitet (*blauer Pfeil*). **b** Simultan mit der Veränderung der Farbe durch den AOTF wird auch die Einkoppelfarbe im AOBS gesteuert, hier ebenfalls durch den *gestrichelten Doppelpfeil* angedeutet. Die *rote Kurve* zeigt schematisch das Anregungsbändchen, das in der 1. Ordnung für den Durchtritt des (hier *blauen*) Anregungslichtes geöffnet wird. Alle anderen Farben können auf der optischen Achse dem Detektor zugeleitet werden. Da sich die Anregungsfarbe und das Injektionsbändchen simultan ansteuern lassen, ist es damit möglich, die Anregung inkrementell zu ändern und damit ein Anregungsspektrum zu erzeugen

bei eine Rolle. Mit der Lambda-Abtastung lässt sich die tatsächliche spektrale Verteilung der Anregung im Präparat selbst direkt (*in situ*) messen.

In logischer Konsequenz ergibt sich daraus dann auch eine weitere Möglichkeit, etwaige Änderungen der molekularen Umgebung, insbesondere Änderungen der Konzentration von aktiven Biomolekülen, über die Veränderung der Anregungscharakteristik zu vermessen.

Mit dem akustooptischen Strahlteiler (AOBS) ist wegen seiner freien Programmierbarkeit eine weitere Stufe im „weißen Konfokalmikroskop" erklommen worden.

Literatur

2002 Birk H, Engelhardt J, Storz R et al: Programmable beamsplitter for confocal laser scanning microscopy. Proc SPIE 4621:16–27. *(Vorstellung eines akustooptischen Strahlteilers)*

2014 Naumann H, Schröder G, Löffler-Mang M: Handbuch Bauelemente der Optik – Grundlagen, Werkstoffe, Geräte, Messtechnik. Carl Hanser, München. *(Grundlagen für die Kapitel 4 bis 8)*

7 Aufteilung der Emissionen

In der klassischen Fluoreszenzmikroskopie, auch bei herkömmlichen konfokalen Mikroskopen, wird die Auftrennung der verschiedenfarbigen Emissionen der unterschiedlichen Fluoreszenzspezies mit Farbteilerspiegeln umgesetzt. Da diese Farbteiler nicht das Anregungs- vom Emissionslicht trennen, sondern der Fluoreszenz nachgeschaltet sind, nennt man sie „sekundäre" Teilerspiegel. Um eine möglichst gute Trennung sicherzustellen, versucht man solche Teilerspiegel zu verwenden, die jeweils zwischen den Emissionsmaxima liegen. Am besten liegt der Halbwertspunkt an der Stelle des Spektrums, an der sich zwei zu trennende Emissionen schneiden. Als Halbwertspunkt soll hier die Wellenlänge verstanden werden, bei der ein Teilerspiegel gerade zur Hälfte durchlässt und zur Hälfte reflektiert.

Will man mit dieser Methode mehr als zwei Kanäle aufzeichnen, dann müssen die Teilerspiegel so kaskadiert werden, dass jeder Teilstrahl auf einen anderen Detektor führt. Das entspricht einer räumlichen Auffächerung der Emission im einfachsten Sinne. Für konfokale Mikroskopie können prinzipiell Teilerstufen beliebig gestaltet werden, da jeder Kanal letztlich an einem Punktdetektor endet. In der Weitfeldmikroskopie muss für jeden dieser Kanäle eine Kamera vorgesehen werden, schon deshalb wird in der Regel eine solche Anordnung auf zwei Kanäle begrenzt bleiben. Es gibt auch Lösungen mit nur einer Kamera, wobei die Farben so aufgeteilt werden, dass jeweils ein (halbes) Bild auf den Kamerachip abgebildet wird.

Ein Beispiel, wie so eine Teilung für fünf Farbkanäle aussehen würde, zeigt Abb. 7.1. Offensichtlich ist eine derartige Lösung recht aufwendig. Es müssen dann an vier Positionen Mechanismen für Teilerspiegel so installiert werden, dass es möglich ist, unterschiedliche Teiler auswählen zu können. Dazu dienen sogenannte „Filterräder" oder vergleichbare Vorrichtungen. Vor jedem der fünf Detektoren muss zusätzlich jeweils ein Filterrad mit Emissionsfiltern (Blockfiltern) eingebaut werden. Das sind neun Filterräder mit der jeweils zugehörigen Servomotorisierung. Wenn man sich für jedes Rad darauf beschränkt, dass es fünf einstellbare Positionen gibt, würde man 45 verschiedene Teiler- und Filtergläser verbauen müssen. Dennoch wären alle diese Gläser in ihren Eigenschaften festgelegt, die Flexibilität also immer noch eingeschränkt. Und wenn eine Änderung des Experimentes andere Filtergläser benötigt, dann

R. T. Borlinghaus, *Konfokale Mikroskopie in Weiß*, DOI 10.1007/978-3-662-49359-5_7

müssen diese durch einen Umbau eingesetzt werden. Auch die Bedienung solcher Geräte erfordert große Sorgfalt und ständige aufmerksame Kontrolle, da bereits ein falsches Glas im Strahlengang verhängnisvolle Auswirkungen auf das Ergebnis haben kann. Erschwerend kommt hinzu, dass alle Spiegel so ineinander justiert werden müssen, dass der Strahl auch immer dort ankommt, wo er hingehört. Selbst wenn so ein Wunderwerk an Optik und Feinmechanik konstruiert und gefertigt werden kann, steigen die Kosten dennoch schnell in unerträgliche Höhe.

Die Aufgabe ist also, eine räumliche Aufteilung von Segmenten des Farbspektrums zu erzielen, dabei möglichst die Segmentgrenzen beliebig verschieben zu können, ohne unerträglich viele Bauelemente einsetzen zu müssen. Räumliche Auffächerungen von Farben, also „Verteilungen" sind naturgemäß das Ergebnis dispersiver optischer Elemente (lat. *dispergere*: zerstreuen, aufteilen). Solche dispersiven Elemente sind optische Gitter und optische Prismen. Beide erzeugen aus weißem Licht ein Farbspektrum, und beide werden inzwischen in spektralen Konfokalmikroskopen eingesetzt.

7.1 Prisma

Die Dispersion des weißen Lichtes in seine farblichen Bestandteile wurde schon von Isaac Newton eingehend untersucht. Es war schon länger aufgefallen, dass Glasstücke bunte Muster erzeugen können, und es gab dazu allerlei ernsthafte und phantasiereiche Vorstellungen. Newton begann, einen kollimierten Lichtstrahl durch ein Prisma zu schicken, um zu sehen was da genau passiert. Man war damals noch bescheiden: Ein Loch im Fensterladen, durch welches das Sonnenlicht kontrolliert zu experimentellen Zwecken eintreten konnte, das war seine Lichtquelle. Zunächst war nicht klar, ob diese Farberscheinungen etwa durch Verunreinigungen hervorgerufen werden. Newton hat die dispersive Wirkung sehr elegant durch Kombination mit einem zweiten Prisma belegen können. Das zweite Prisma wurde so angeordnet, dass es die Dispersion des ersten genau kompensierte. So wurde auf dem Schirm wieder weißes Licht sichtbar. Wären die Farben eine Folge von Verunreinigungen gewesen, hätten die bunten Muster eher noch zunehmen müssen.

Die Wirkung des Prismas beruht auf der Brechung des Lichtes an Grenzflächen unterschiedlicher Materialien, die auch bei optischen Linsen genutzt wird. Im Abschn. 1.1 hatten wir das Brechungsgesetz schon angewendet. In einem Prisma wird das Licht einmal beim Eintritt in das Glas gebrochen und ein zweites Mal, wenn es den Glaskörper wieder verlässt. Insgesamt ergibt sich dadurch eine Brechung um den Winkel δ, wie in Abb. 7.2 dargestellt ist. Der Brechungswinkel an einer Grenzfläche ist nach Gl. 7.1 (= Gl. 1.1) vom

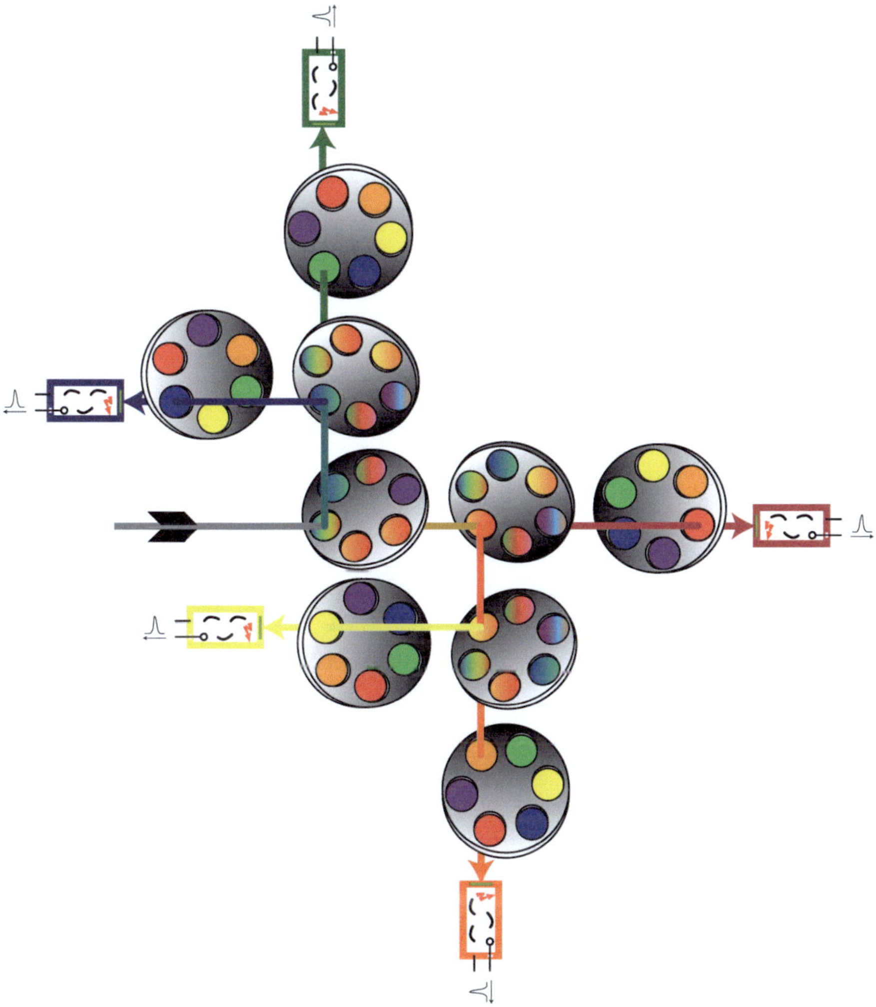

Abb. 7.1 Illustration einer Lösung für die Trennung fünf verschiedener Emissionen mit klassischen plan-optischen Elementen, Farbteilergläsern und Emissionsfiltergläsern. Das *graue Pfeilende* zeigt den Strahl vom Mikroskop kommend an. Die Farben werden sukzessive mit auswählbaren Teilerspiegeln aufgespalten und in unterschiedliche Raumrichtungen reflektiert. Jeder Teilstrahl wird nochmals mit einem auswählbaren Emissionsfilter gereinigt und trittt schließlich auf einen Punktsensor (üblicherweise eine Photoelektronenvervielfacher Röhre, PMT)

Brechungsindex n_2 des Prismenglases abhängig und vom Brechungsindex des umgebenden Mediums:

$$n_1 \sin \alpha_1 = n_2 \sin \alpha_2. \tag{7.1}$$

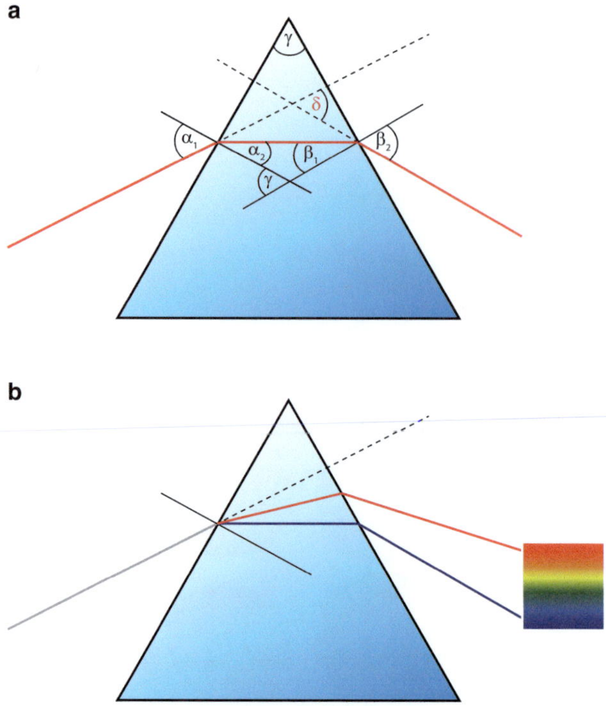

Abb. 7.2 Brechung und Dispersion an einem Prisma unter dem Winkel γ aus Glas in Luft. **a** Der im Winkel α_1 auf die erste Oberfläche eintreffende Strahl wird zum Lot hin gebrochen und setzt seinen Weg im Inneren des Prismas im Winkel α_2 fort. An der anderen Seite des Glases trifft er im Winkel β_1 ein und wird dort vom Lot weg mit dem Winkel β_2 nochmals gebrochen. Beide Winkel haben den gleichen Drehsinn. Es ergibt sich der gesamte Brechwinkel δ. **b** Da die Brechung von der Wellenlänge abhängt, werden unterschiedliche Farben unterschiedlich stark gebrochen. Weißes Licht kann daher in seine Spektralfarben zerlegt werden. Licht mit großer Wellenlänge wird weniger stark gebrochen als kürzerwelliges Licht. Daher findet man im gezeigten Beispiel rot *oben* und blau *unten*

Das umgebende Medium ist normalerweise Luft. Luft hat fast denselben Brechungsindex wie das Vakuum. Deshalb kann der erste Brechungsindex $n_1 = 1$ angenommen werden. Damit kann man aber noch kein Spektrum erzeugen. Das wird erst deshalb möglich, weil der Brechungsindex selbst wiederum von der Wellenlänge des Lichtes abhängig ist. Darum muss man auch streng genommen die Wellenlänge immer zum Brechungsindex dazuschreiben. Bei optischen Geräten findet man beispielsweise Angaben wie n_{D}^{20}, wobei das D sich auf die Natrium-D-Linie des Fraunhofer-Spektrums bezieht, also auf eine Wellenlänge von 598,3 nm. Die Dichte des Glases, und damit auch der Brechungsindex (vgl. Indexgitter, Abschn. 5.1), ist auch abhängig von der Temperatur, weshalb auch diese mit angegeben werden muss, hier 20 °C.

Durch die Wellenlängenabhängigkeit der Brechung, das ist die Dispersion, wird das weiße Sonnenlicht in seine Spektralfarben aufgefächert, so wie es Newton erkannt und beschrieben hat. Die Abhängigkeit des Brechungsindex von der Wellenlänge kann man allerdings nicht einfach aus der Wellenoptik herleiten, wie das beim Gitter (Abschn. 7.2) der Fall ist. Zur Beschreibung der Dispersion in Glas wird oft die Abbe-Zahl ν_e herangezogen:

$$\nu_e = \frac{n_e - 1}{n_{F'} - n_{C'}}. \tag{7.2}$$

Dabei sind die Brechzahlen n_e bei der grünen Quecksilber-Linie 546 nm, $n_{F'}$ bei der blauen Kadmium-Linie 480 nm und $n_{C'}$ bei der roten Kadmium-Linie 644 nm. Bei sehr hoher Dispersion liegen die Werte für die blaue und die rote Linie weit auseinander, der Nenner wird groß und damit die Abbe-Zahl klein. Große Abbe-Zahlen zeigen umgekehrt eine geringe Dispersion an.

Will man den Verlauf der Dispersion über einen Wellenlängenbereich wenigstens ungefähr darstellen (Abb. 7.3), bedient man sich oft der Sellmeier-Gleichung, die eine gute empirische Näherung erlaubt:

$$n^2(\lambda) = 1 + \frac{B_1\lambda^2}{\lambda^2 - C_1} + \frac{B_2\lambda^2}{\lambda^2 - C_2} + \frac{B_3\lambda^2}{\lambda^2 - C_3}. \tag{7.3}$$

Die Parameter dieser Gleichung sind für die unterschiedlichsten Glassorten aus den Datenblättern der Glashersteller zu entnehmen. Dabei ist wichtig, dass diese Dispersion nur für transparentes Material gültig ist. Optische Gläser sind natürlich im sichtbaren Bereich ab etwa 350 nm sehr transparent, was ja auch für die Effizienz der Bauteile sehr wichtig ist. So schön die Dispersion für den Zweck der räumlichen Auffächerung der Farben ist, so schwer macht sie das Leben für Anwender von optischen Mikroskopen (und so spannend für die

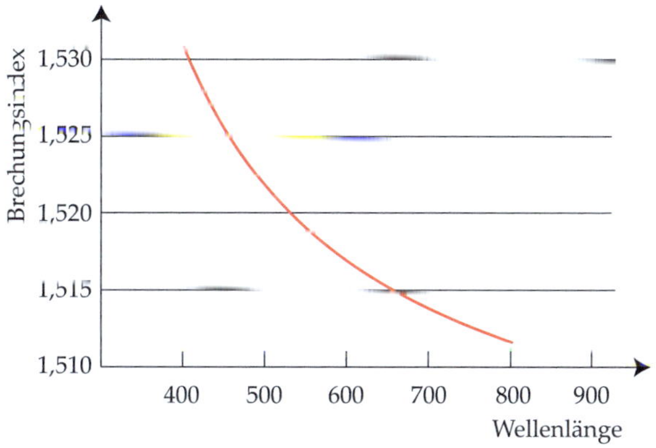

Abb. 7.3 Dispersionskurve von BK7-Glas, berechnet aus der Sellmeier-Gleichung. Die Transmission dieses Glases ist im dargestellten Bereich zwischen 400 und 800 nm besser als 0,998

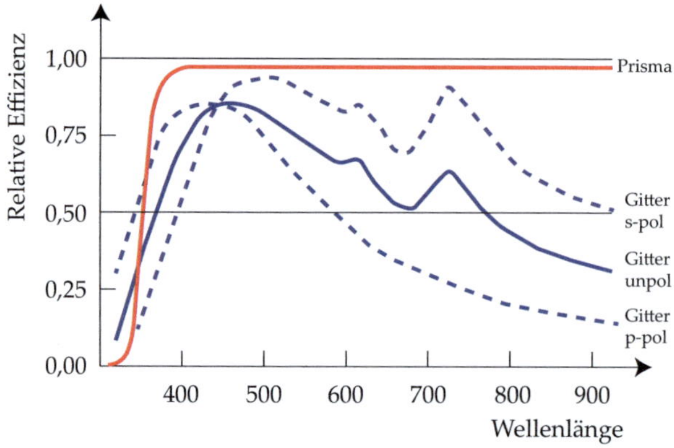

Abb. 7.4 Vergleich der Effizienzkurven von Prisma (*rot*) und Gitter (*blau*). Die Effizienz des Prismas ist im Wesentlichen durch die Transmissionseigenschaften des Glases bestimmt und mit der Glassorte auf die Anwendung abstimmbar. Kronglas lässt ab 350 nm nahezu 100 % aller Farben passieren. Die Effizienz einer Ordnung am Gitter ist wellenlängen- und polarisationsabhängig und beträgt in der Regel nur einen Bruchteil der Prismeneffizienz (s-pol: senkrecht polarisiert; p-pol: parallel polarisiert). Durch geeignete Designmaßnahmen lässt sich die Effizienz für eine gewünschte Wellenlänge noch optimieren („Blazing"). (Darstellung leicht verändert nach Lerner 2015)

Optik-Ingenieure): Die Dispersion ist ja auch die Ursache für chromatische Aberrationen, also Farbfehler, die zu den herausforderndsten Linsenfehlern in der Mikroskopie gehören – ganz besonders in der konfokalen Fluoreszenzmikroskopie.

In einem Detektor für Fluoreszenzmikroskopie sind nicht nur die Werte für die Dispersion von Bedeutung, sondern auch die Durchlässigkeit. Wir haben ja festgestellt, dass das Fluoreszenzlicht viel schwächer als das Anregungslicht ist. Deshalb muss Sorge getragen werden, dass die optischen Bauteile eine hohe Transmission aufweisen, damit das Licht effizient aufgesammelt werden kann. Die Effizienzkurve eines optischen Elementes beschreibt das Verhältnis von eingestrahlter Energie zur aufgesammelten Energie. Wenn alles Licht, das aus dem Bauteil wieder austritt, auf einen Detektor geleitet wird, kann die Effizienz höchstens 1 sein, das wäre für völlig durchsichtige Medien der Fall und gilt streng genommen nur für das Vakuum. Die Effizienz wird durch Absorption, Streuung oder ungeeignete Ablenkwinkel verringert. Für die hier infrage kommenden dispersiven Elemente sind die Effizienzkurven in Abb. 7.4 schematisch skizziert. Ein Glasprisma zeichnet sich durch eine besonders hohe und von der Wellenlänge unabhängige Effizienz aus. Die Luft-Glas-Flächen werden hochwertig vergütet, sodass die Reflexionsverluste unter 1 % gehalten werden können.

Die Farbverteilung ist nicht linear von der Wellenlänge abhängig, sondern im blauen Bereich des Spektrums dichter als im roten Bereich. Diese Nichtlinearität wird bei der Kalibration der nachgeschalteten Stufen aufgelöst und ist für die hier beschriebene Verwendung eines Prismas völlig bedeutungslos.

7.2 Gitter

Möchte man die Emission mit einem Gitter auftrennen, verwendet man üblicherweise Reflexionsgitter. Wir haben die Wirkung von optischen Gittern schon im Abschn. 1.3 kennengelernt. Für reflektierende Gitter gelten im Prinzip dieselben Gesetze, durch hochwertige Verspiegelung kann die Effizienz aber gegenüber Transmissionsgittern verbessert werden. Die wesentlichen Informationen über die Wirkung eines Gitters kann man aus der Gittergleichung ableiten:

$$\sin\beta_m + \sin\alpha = \frac{m\cdot\lambda}{d}. \tag{7.4}$$

Dabei ist d die Gitterkonstante, die die Periodizität des Gitters beschreibt. Damit sind Abstände gleicher Phasen im Gitter gemeint, beispielsweise von der Mitte eines reflektierenden Steges bis zur Mitte des nächsten. Die Energie wird in mehrere Ordnungen verteilt, der Index m bezeichnet diese Beugungsordnung. Dabei ist $m \leq g/\lambda$, feinere Gitter erzeugen demnach weniger Ordnungen. Gitter zur Dispersion werden normalerweise in Luft betrieben, weshalb man den Brechungsindex hier vernachlässigen kann.

Mit α wird der Einfallswinkel des farbigen Lichtes zum Lot auf die Gitterfläche (Gitternormale) bezeichnet. Die Ausfallswinkel für die verschiedenen Ordnungen werden mit β_m bezeichnet.

Aus der Gl. 7.4 sieht man sofort, dass für $m = 0$ der Ausfallswinkel für alle Wellenlängen derselbe ist wie der Einfallswinkel. Das ist der bekannte Zusammenhang für Reflektion an einem Spiegel. Das einfach reflektierte Licht zeigt demnach keine Dispersion und wird hier wieder die 0. Ordnung genannt. Licht, das in der 0. Ordnung erscheint, ist deshalb für die Auftrennung verloren. Für jede von null verschiedene Ordnung stellt man anhand der Gittergleichung fest, dass der Beugungswinkel wellenlängenabhängig ist, und zwar so, dass blaues Licht weniger stark gebeugt wird als rotes (Abb. 7.5). Jede Ordnung erzeugt dabei ein separates Spektrum. Man kann prinzipiell jede der Ordnungen verwenden, allerdings sinkt die Intensität in den höheren Ordnungen ab, was sie für die empfindliche Fluoreszenz unbrauchbar macht. Höhere Ordnungen, auch das kann man aus der Gittergleichung ablesen, haben ein breiter verteiltes Spektrum. Die spektrale Auflösung ist daher dort

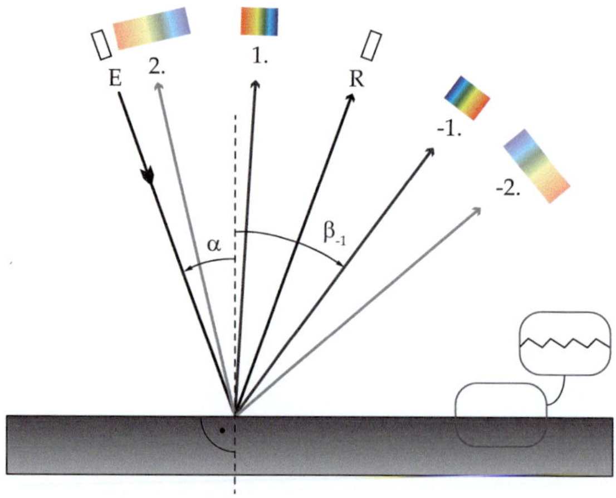

Abb. 7.5 Wirkungsweise eines Reflexionsgitters (vereinfacht). *E*: einfallendes weißes Licht; *R*: reflektiertes Licht ohne farbliche Aufspaltung (0. Ordnung); 1.: erste Beugungsordnung; −1., 2. usw.: weitere Beugungsordnungen. Die gebeugten Lichtbündel zeigen Dispersion, da der Beugungswinkel von der Wellenlänge abhängig ist. α: Einfallswinkel; β_1: Beugungswinkel (hier für die erste Ordnung). Eine mögliche Struktur der Oberfläche ist *unten rechts* vergrößert dargestellt

höher. Insbesondere Astronomen machen von dieser Tatsache Gebrauch. Weiter ist zu berücksichtigen, dass bei höheren Ordnungen die Spektren beginnen zu überlappen. Man muss dann durch geeignete Filter die unerwünschten Anteile abschneiden.

Da an einem Gitter nicht nur ein einziges Spektrum erzeugt wird, muss eine der Ordnungen ausgewählt werden, die für die weitere Verarbeitung benutzt werden soll, alle anderen Ordnungen stellen Verluste der Helligkeit dar. In der Regel wird man die 1. (bzw. −1.) Ordnung für Anwendungen verwenden, wo es auf die Intensität ankommt. Auch Streuung ist ein ernsthaftes Problem. Die Gitter-Ingenieure haben daher allerlei Konzepte und Verfahren entwickelt, um die Verluste möglichst gering zu halten. So möchte man für helligkeitsempfindliche Anwendungen möglichst viel des eingestrahlten Lichtes in einer der Ordnungen wiederfinden und möglichst alle anderen Ordnungen weitestgehend unterdrücken. Das lässt sich durch spezielle Strukturen der Gitterlinien verbessern, und man bezeichnet solche Verfahren als „Blazing" (engl. *blaze*: funkeln, leuchten). Allerdings gilt die gute Eigenschaft dann auch nur für eine Wellenlänge, und der Bereich des Spektrums, für den das Gitter gut funktionieren soll, muss festgelegt werden. Außerhalb dieses Bereiches sinkt die Effizienz schnell ab.

Da nur eine der Ordnungen verwendet werden kann, ist die Beugung in alle anderen Ordnungen als Verlust anzusehen. Eine Reparaturmaßnahme wäre eine optische Wiederverwertungseinrichtung, mit der man versucht, verlorene Ordnungen wieder auf die optische Achse zurückzuleiten.

Die Effizienz eines Gitters ist also stark von der Farbe abhängig. In Abb. 7.4 ist in Blau eine typische Effizienzkurve für unpolarisiertes Licht am Gitter wiedergegeben (durchgezogene Linie). Die hier recht schematisch dargestellte Abhängigkeit gilt für ein Gitter mit Blazing bei ca. 500 nm. Es handelt sich um eine schematische Skizze, nicht um das Messergebnis für ein bestimmtes Gitter. Die Effizienz erreicht etwa 80 %, fällt dann aber recht schnell auf 50 % und darunter zurück.

Hinzu kommt, dass die Effizienz eines Gitters auch stark von der Polarisation des Lichtes abhängig ist. In Abb. 7.4 sind die Effizienzen für die beiden Polarisationsrichtungen durch die beiden gestrichelten Linien wiedergegeben. Für die beiden Polarisationsrichtungen ergeben sich offensichtlich unterschiedliche Abhängigkeiten. Für die senkrecht polarisierte Richtung (s-pol) kann man mit einem Gitter bei der Blazing-Wellenlänge nahe 95 % Effizienz erreichen. Das ist beispielsweise bei Laseranwendungen interessant, da Laserlicht polarisiert ist. Parallel polarisiertes Licht (p-pol) wird nur sehr schlecht von demselben Gitter verarbeitet. Wenn das Licht unpolarisiert ist, was gleichen Anteilen beider Polarisationsrichtungen entspricht, dann bekommt man gerade den Mittelwert aus den beiden Funktionen, eben die durchgezogene blaue Kurve. Zwar wird in einem konfokalen Mikroskop mit polarisiertem Laserlicht angeregt, aber die Emission ist in aller Regel unpolarisiert. Wegen der im Verhältnis zur Rotationsdiffusion langen Fluoreszenzlebenszeit erscheint das Licht nicht mehr in derselben Ebene, in der es abgestrahlt wurde, sondern statistisch in alle Ebenen verteilt. Die ordentlich eingestrahlten Anregungsphotonen werden durch die heftigen Bewegungen der Moleküle gänzlich unordentlich abgestrahlt. Nur bei wenigen sehr speziellen Messungen versucht man, die Polarisationsrichtung zu bestimmen. Man kann demnach nicht hoffen, eine bessere Effizienz zu erhalten als die für unpolarisiertes Licht. Auch hier gibt es Ansätze, die Situation zu verbessern. Etwa, indem man das Emissionslicht zunächst in die zwei Polarisationsrichtungen aufspaltet, die „gute" direkt auf das Gitter leitet und die „schlechte" erst mal umdreht, um sie anschließend mit der guten zu vereinigen. Auch solche Verfahren arbeiten natürlich nicht ohne Verluste, und man wird sich allenfalls an die *s*-pol-Kurve annähern können, ohne diese je zu erreichen.

Die Verteilung der Wellenlängen in einer Ordnung eines optischen Gitters hängt linear von der Wellenlänge ab, wie aus der Gittergleichung abgelesen werden kann. Ein Vorteil ist dies aber nur, wenn spektrale Linearität für die weitere Verarbeitung wichtig ist. Das ist bei Zeilendetektoren (Arrays) mit der Fall, und deshalb werden dort üblicherweise Gitter eingesetzt. Tatsächlich würde auch ein nicht-lineares Spektrum mit Zeilendetektoren und in Verbindung geeigneter Entmischungsalgorithmen noch eine sinnvolle Trennung der Fluoreszenzen erlauben, allerdings sind solche Lösungen nicht realisiert worden. Zeilendetektoren haben nur in einer schmalen Nische wirklich Vorteile gegenüber anderen Lösungen, nämlich bei der Aufzeichnung von Spektren hoher farblicher Auflösung mit hoher Geschwindigkeit.

7.3 Kontinuierliche Richtungsänderung: das Spektrum

Die räumliche Verteilung der unterschiedlichen Farben mittels dispersiver Elemente, insbesondere von Glasprismen ist ein weiterer Baustein im „weißen Konfokalmikroskop". Das gesamte Farbspektrum wird kontinuierlich in wellenlängenabhängige Richtungen verteilt und kann so in verschiedene Kanäle aufgetrennt werden.

Literatur

1704 Newton I: Opticks: or a Treatise of the Reflexions, Refractions, Inflexions and Colours of Light. Reprint 1979, Dover Publications Inc., New York 1979 *(Erste Untersuchung der Entstehung von Farben aus weißem Licht)*

1999 Demtröder W: Experimentalphysik 2, Elektrizität und Optik. Springer, Heidelberg. *(Grundlagen Optik)*

2014 Neumann W: Fundamentals of Dispersive Optical Spectroscopy Systems. SPIE Press Book. *(Alles zum Thema Dispersion)*

2015 Schott AG: http://www.schott.com/advanced_optics/english/abbe_datasheets/schott-datasheet-n-bk7ht.pdf (zugegriffen am 24.3.2015). *(Hier gibt es Daten zur Dispersion von Glassorten)*

2015 Lerner J: A Technical Comparison of Light Throughput Efficiency and Bandpass of Multispectral And Hyperspectral Imaging Systems http://www.lightforminc.com/hyperspectral_mulitispectral_technical_comparison.html (zugegriffen am 5.10.2015). *(Vergleich von Prisma und Gitter)*

8 Emissionsfilterung

Die räumliche Auffächerung der Farben mit dispersiven Elementen hat für die Separation einzelner Fluoreszenzkanäle ganz andere Auswirkungen als die Lösung dieser Aufgabe durch Sekundär-Strahlteilerspiegel. Ein Strahlteiler – wie der Name ja schon andeutet – zerteilt den gesamten Lichtfluss in einzelne, separate Anteile, die dann auch für sich weiter bearbeitet werden können. Ein dispersives Element gibt den verschiedenen Farben zwar unterschiedliche Richtungen, aber das Licht ist immer noch in einem zusammenhängenden Spektrum verbunden. Um die einzelnen Anteile zu extrahieren, muss das gesamte Spektrum folglich nach der Dispersion noch unterteilt werden. Dazu gibt es prinzipiell zwei Möglichkeiten: Zum einen kann man eine Serie von Sensoren in einer Reihe anordnen (Zeilensensor) und auf diese Reihe das Spektrum abbilden. Andererseits lässt sich aber auch ein Detektorsystem mit variablen Segmenten aufbauen (Multibandspektrometer), und tatsächlich war der Multiband-Fluoreszenzdetektor auch das erste Verfahren zur spektralen Bildaufnahme in der konfokalen Mikroskopie.

Neben der eigentlichen Aufspaltung der Signale hat dieses letzte Element im optischen Strahlengang des konfokalen Mikroskops auch noch die Aufgabe, letztmalig Hand an die Trennung der Fluoreszenzemissionen zu legen. Bei einem Zeilendetektor ist das nur rechnerisch möglich, da die Kanäle eines solchen Detektors nur gleichmäßig aufgeteilte Emissionen darstellen und nicht die einzelnen Fluoreszenzfarbstoffe getrennt werden können. Ein Multibanddetektor lässt sich hingegen physikalisch weiter so modifizieren, dass das Ergebnis sofort einzelne Fluoreszenzemissionen wiedergibt. Freilich kann man dann bei Bedarf noch beliebige Algorithmen auf die solcherart gemessenen Signale anwenden. Eine bestmögliche Trennung am Eingang dieser Algorithmen ist aber immer die bessere Ausgangssituation.

Die Sensoren selbst werden im Abschn. 9.1 noch etwas näher beschrieben. Hier geht es zunächst nur um die Trennung des von den verschiedenen Fluoreszenzmolekülen abgestrahlten Lichtes.

Matrizendetektoren sind heute jedermann geläufig: Jede Kamera im billigsten Mobiltelefon benutzt solch ein Bauteil. Hier wird das Licht auf eine zweidimensionale Sensormatrix, den „Kamerachip", projiziert. Die einzelnen Bildelemente werden dann ausgelesen und in einem elektronischen Daten-

R. T. Borlinghaus, *Konfokale Mikroskopie in Weiß*, DOI 10.1007/978-3-662-49359-5_8

speicher abgelegt. Diese digitalen Daten kann man dann auf dem Bildschirm darstellen oder an Freund und Feind versenden.

Für die konfokale Fluoreszenzmikroskopie sind solche Sensoren aber meist nicht hinreichend empfindlich und nicht rauscharm genug. Hier sind nach wie vor Photoelektronenvervielfacher-Röhren, Lawinen-Photodioden und Hybriddetektoren gebräuchlich. Diese Sensoren liefern zunächst nur ein einziges Signal, das sich mit der Helligkeit des einfallenden Lichtes verändert. Beim zweidimensionalen Rastervorgang über das Objekt entsteht dabei ein zeitabhängiges Signal, das anschließend wieder durch eine synchrone Verarbeitung in einem zweidimensionalen Bildspeicher abgelegt werden kann (Abschn. 3.3.1). Am Ende erhält man daraus ein Bild des Objektes in Graustufen.

Elektronische Bilddaten sind natürlich immer farblos, die Farbigkeit wird erst bei der Wiedergabe sozusagen „dazugemischt". Ernsthafte Alltagsfotografen möchten dabei eine möglichst naturgetreue Wiedergabe erreichen, weniger ernste streben möglichst wirkungsvolle Effekte an.

In der Wissenschaft ist die farbliche Tönung des Bildes selbst nicht so sehr von Bedeutung, und jeder Betrachter hat ja auch eine etwas andere Farbwahrnehmung. Vielmehr ist interessant, wie groß die Intensität der einzelnen Signalquellen an verschiedenen Orten und zu verschiedenen Zeiten sind. Darum ist für ein Präparat mit nur einem Farbstoff eine Darstellung in Grauwerten („schwarz-weiß") am besten geeignet – unsere Augen können dann strukturelle Details und Helligkeitsunterschiede am besten erkennen.

In Mehrkanalbildern werden die einzelnen Fluoreszenzemissionen durch Farben gekennzeichnet, die aber in der Regel nicht der wirklichen Farbe der Emissionen entsprechen und die sich auch beliebig nach den ästhetischen Wünschen des Experimentators mittels Farbtabellen einstellen lassen. Da rotes Licht weniger gestreut wird und deshalb für dicke Proben besser geeignet ist, werden immer häufiger Emissionen im fernen Rot oder nahen Infrarot verwendet. Ein Monitor kann diese Wellenlängen selbst nicht mehr darstellen, weshalb die wirklich dargestellten Farben somit ohnehin notwendigerweise Falschfarben sind. Ebenso lassen sich zwei sehr ähnliche Emissionen mit dem Auge sehr viel besser unterscheiden, wenn sie durch ganz unterschiedliche Farben wiedergegeben werden. Eine naturgetreue Darstellung wäre hier ganz ungeschickt und wenig hilfreich.

Wichtiger als eine originale Widergabe der Emissionsfarben ist eine gute Trennung der einzelnen Fluoreszenzsignale, die dann auch gut quantifiziert werden können. In welcher Farbe sie auf dem Monitor dargestellt werden, spielt dabei eine untergeordnete Rolle.

8.1 Der Zeilendetektor

Um ein Spektrum aufzuzeichnen, kann man *photomultiplier* auch sozusagen in Stangenform kaufen: In einer Zeile sind mehrere Photokathoden angeordnet, die über eine gemeinsame Anodenspannung betrieben werden. Ist die Elektronik entsprechend umfangreich ausgelegt – jedes Element benötigt eine eigene Elektronik –, dann lässt sich damit das Spektrum in so viele Teile zerlegen, wie der Sensor Elemente enthält. Üblicherweise ist diese Anzahl eine Potenz von zwei, damit die Daten bequem in der digitalen Welt verarbeitet werden können. Man findet am häufigsten 8, 16 oder 32 Elemente.

Bildet man nun das Spektrum auf diese Sensorstange ab, dann erhält man bei einer Sensorzeile mit 16 Kathoden gleichzeitig 16 Signale. Das ganze Spektrum wird dabei in 16 gleich große Abschnitte zerstückelt. Macht man das mit dem sichtbaren Spektrum zwischen 400 und 800 nm, dann registriert jede Kathode einen Bereich von 25 nm, sofern das Spektrum linear ist. Darum möchte man solche Zeilen mit Gitterspektren kombinieren. Bei der Aufnahme von Bildern mit solch einem System enthält folglich jeder Bildpunkt 16 Messwerte, die dem Spektrum der Emission an diesem Ort entsprechen. Konsequenterweise entspricht daher die Rohdatenmenge dem 16-fachen eines einzelnen Bildes (Abb. 8.1).

Aus den 16 Einzelwerten muss nun aber noch die Helligkeit der jeweiligen Fluorochrome herausdestilliert werden, die sich ja nicht an eine Breite von 25 nm halten. Das zugehörige Verfahren heißt „spektrales Entmischen“, wobei man ein System von 16 Gleichungen mit n Unbekannten lösen muss. Das n steht hier für die Anzahl der verschiedenen Fluoreszenzspezies. Doch selbst wenn nur ein einziger Farbstoff im Präparat ist, muss gerechnet werden: Es sind alle Signale zu summieren. Das ist der Trivialfall für das erwähnte Gleichungssystem. Aber ohne Rechnung geht es nie.

Da diese Sensorzeilen mit einer einzigen Spannung versorgt werden, kann man die einzelnen Messzellen nicht unabhängig ansteuern, um etwa eine große Dynamik der Fluorochromintensitäten abzufangen. Lediglich eine Skalierung der Messwerte nach der Datenaufnahme ist möglich, was aber keinen Informationsgewinn darstellt und deshalb das Signal-Rausch-Verhältnis nicht verbessert.

Für die Vermessung von Emissionsspektren, insbesondere in lebendem Material, ist die Sensorzeilen-Lösung bestens geeignet. Hier kann man schnell Veränderungen in den Spektren registrieren, wenn etwa neue Farbstoffe charakterisiert werden sollen, die als Sensor für die molekulare Umgebung von Biomolekülen eingesetzt werden.

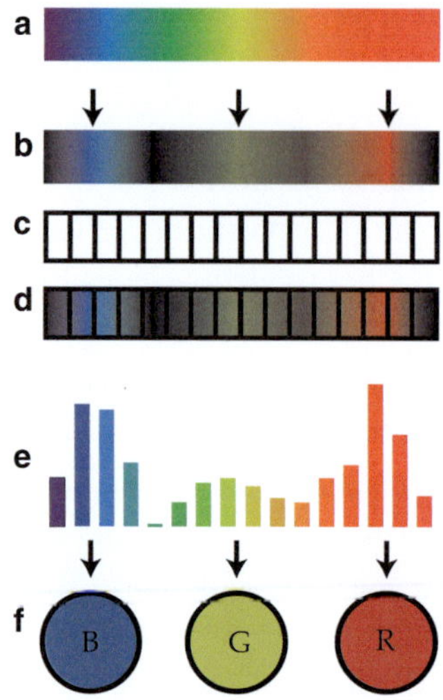

Abb. 8.1 Schema einer Messung mit Zeilensensor. **a** Weißes Spektrum. **b** Emissionsspektrum eines Präparates mit drei Fluorochromen. Die *Pfeile* zeigen die maximalen Emissionen an. Der gelbe Farbstoff ist deutlich schwächer angenommen als der blaue oder rote. Zwischen gelb und rot geht die Intensität nicht vollständig zurück, das erzeugt ein „Übersprechen" zwischen den Farbstoffen. **c** Die Struktur einer Sensorzeile mit 16 Photokathoden. Nur die *weißen Flächen* sind sensorisch aktiv. **d** So sieht die Projektion des Emissionsspektrums auf die Sensorzeile aus. **e** Die einzelnen Messwerte sind hier in die Höhe der Balken abgebildet. **f** Um die einzelnen Fluorochrome zu vermessen, müssen die Daten rechnerisch entmischt werden

8.2 Der Multibanddetektor

Bezüglich der Farbauswahl uneingeschränkt flexibel gestaltet sich eine Lösung, die auf der klassischen Spektrometrie aufbaut. Hier wird kollimiertes Licht über einen Beleuchtungsspalt in ein Glasprisma geleitet (Abb. 8.2). Man kann das entstehende Spektrum auf einen Schirm projizieren oder mit einer Kamera aufzeichnen und vermessen.

Um nun beliebige Bereiche des Spektrums auswählen und zur Erzeugung eines elektronischen Bildes weiterverwenden zu können, muss auf der Betrachterseite ebenfalls ein Spalt zur Beobachtung eingeführt werden. Der Spalt muss sowohl in seiner Breite als auch in seiner Position stufenlos einstellbar sein. So ein Spektrometerspalt besteht üblicherweise aus zwei flächigen Elementen, die in der Ebene des Spektrums senkrecht zur Achse bewegt werden können. Heute geschieht diese Bewegung meist servomotorisiert. Ein konventionelles Spektrometer wird mit Spaltelementen ausgerüstet, die sorgfältig amorph geschwärzt werden, um Reflexionen des nicht verwendeten Teils des Spektrums möglichst auszuschließen. Solche Reflexionen können zu stören-

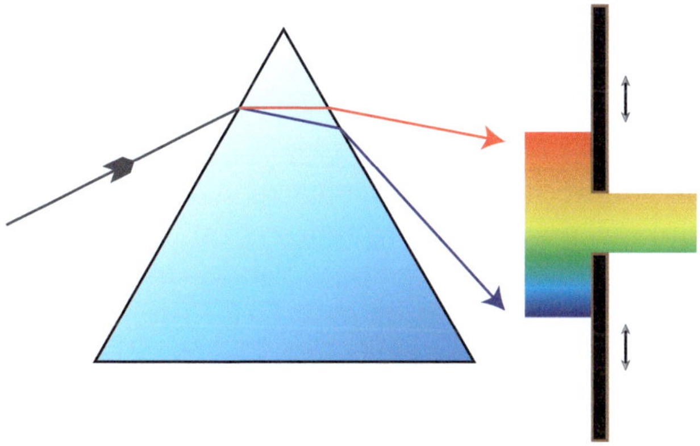

Abb. 8.2 In einem Spektrometer wird kollimiertes Licht (*grauer Strahl*) durch ein Prisma gelenkt und farblich aufgespalten (*rote* und *blaue Strahlen*, Spektrum). Aus dem entstandenen Spektrum kann ein Teil durch einen Spektrometerspalt ausgewählt werden. Der Spektrometerspalt wird von zwei Blenden (*schwarz*) erzeugt, die entlang der Farbachse einstellbar sind (*Doppelpfeile*)

den Hintergrundeffekten führen. Mit solch einem Spektrometer kann man nun jedes beliebige Band aus dem Spektrum ausschneiden. Es gibt keine Einschränkung auf eine feste Bandbreite (etwa der oben erwähnten 25 nm) und keine Einschränkung, in welchem Bereich des Spektrums die Messung durchgeführt werden soll. Nehmen wir wieder das sichtbare Spektrum zwischen 400 und 800 nm und eine Ansteuerung der Spaltelemente in 1-nm-Schritten, dann lassen sich etwa 320.000 verschiedene Filter definieren – das wäre doch ein sehr umfangreiches Filterrad! Alternativ könnte man zwei hintereinandergeschaltete Filterräder vorschlagen, die dann aber immer noch jeweils 400 Positionen aufweisen müssten.

Was spricht dafür, einen einstellbaren Spalt als Mechanismus zur Auswahl eines Spektralbandes zu verwenden? Einerseits ist ein Spalt ein hervorragendes optisches Element: Er hat keinerlei Absorption, ist also maximal effizient. Weiter kann man die Charakteristik (Bandbreite und Mittenfrequenz) beliebig einstellen. Und schließlich braucht man keine Entmischungsrechnung, da sich der Spalt ja nach der tatsächlichen Emission des Fluoreszenzfarbstoffes einstellen lässt. Bei etwaiger Überlappung der Spektren kann man dann immer noch eine Entmischung anwenden, wenn das nötig ist. Dazu kommt, dass für jedes Band die Messung mit einer anderen Empfindlichkeit stattfinden kann, wenn man die Dynamik der unterschiedlichen Farbstoffe anpassen möchte. Das ist dann nicht nur eine Skalierung, sondern tatsächlich eine Verbesserung der Aufnahmebedingungen und kann zur Reduktion des Rauschanteils gewinnbringend eingesetzt werden. Da nur ein einziger Sensor nötig ist, steht dem Benutzer auch die große Zahl der unterschiedlichsten Sensortechnologien vergleichsweise unkompliziert zur Verfügung.

Bis hierhin hätte so ein System aber doch einen gewichtigen Nachteil: Für jeden Farbstoff müsste hintereinander (sequenziell) mit einem eigens eingestellten Bandabschnitt ein Bild aufgenommen und diese Bilder anschließend in einem Mehrkanalbild zusammengefasst werden. Es war darum ein großer Fortschritt, als ein Konzept vorgeschlagen wurde, ein Spektrum in viele Abschnitte *gleichzeitig* zu zerstückeln, ohne die Freiheit des einstellbaren Spektrometerspaltes aufgeben zu müssen (Abb. 8.3). Die Idee dazu ist ebenso einfach wie genial (was ja oft dasselbe ist). Statt das Licht außerhalb des eingestellten Bandes zu unterdrücken, kann man nämlich den entgegengesetzten Weg gehen: Die der Quelle zugewandte Seite wird hocheffizient verspiegelt. Damit wird das Licht in eine andere, aber definierte Richtung abgeleitet. Nun muss man in diesem abgewinkelten Strahl nur noch einen weiteren Detektor einbauen, und man kann das ganze Spiel mit den reflektierenden Spaltelementen wiederholen. Prinzipiell lassen sich durch so eine Kaskadierung beliebig viele Spaltstücke erzeugen und vermessen. Jeder Spalt ist beliebig einstellbar, und

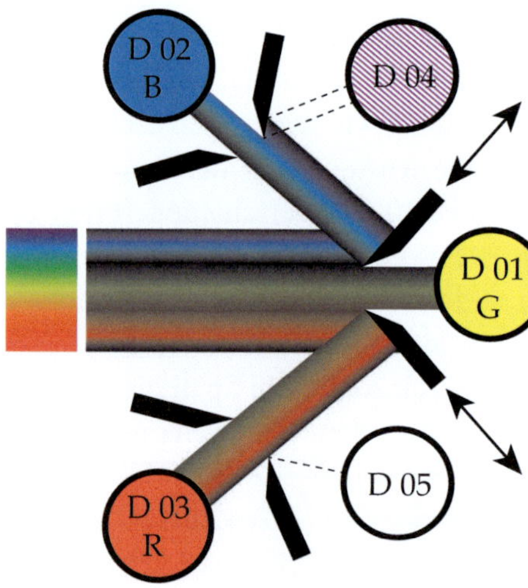

Abb. 8.3 Der Multiband-Fluoreszenzdetektor. Das Spektrum der Fluoreszenzemission (wie in Abb. 8.1) wird durch eine Kaskade von Spektrometerspalten mit einfallseitig verspiegelten Elementen in Unterabschnitte aufteilt. Hier ist ein Beispiel mit fünf Abschnitten zu sehen. Die einzelnen Abschnitte werden in fünf separaten Sensoren (D 01–D 05) vermessen. Jedes Spaltelement ist verstellbar, angedeutet durch die *Doppelpfeile* am Spalt vor D 01. Gleiches gilt für alle anderen Spaltelemente analog. Etwaige störende spektrale Anteile lassen sich abschneiden, ohne dass man sie messen muss (*gestrichelte Linien* zu D 04). Je nach Anzahl der Farbstoffe kann man nicht benutzte Sensoren unbenutzt lassen (beispielsweise D 05)

man kann aus dem vom vorgeschalteten Spaltelement herausgeschnittenen Abschnitt beliebige Unterabschnitte auswählen und aufzeichnen.

Natürlich steigt auch hier der Aufwand mit der Anzahl der Kanäle, und zwar nicht nur für Elektronik, sondern auch für optische und mechanische Teile. Da fast alle praktisch vorkommenden Aufgaben mit Präparaten von drei oder vier Fluoreszenzfarbstoffen abgedeckt sind, beschränkt man sich bei solchen Geräten auf fünf Sensoren. Es lassen sich dann bis zu fünf Fluoreszenzbänder simultan aufzeichnen. Ordnet man die fünf Bänder äquidistant hintereinander an, so erhält man ein Spektrum mit fünf Stützstellen. Es lassen sich auch Spektren mit mehr Stützstellen aufzeichnen. Für 15 Stützstellen kann man drei Aufnahmeeinstellungen mit jeweils fünf kleinen Bändern definieren und hintereinander abarbeiten. Erhöht man die Zahl der Aufnahmen, steigt die Genauigkeit der Aufzeichnungen um jeweils fünf Messungen. Allerdings ist es in der Praxis nur sehr selten nötig, überhaupt Spektren aufzunehmen, in der Regel will man ja die Signale der verschiedenen Fluoreszenzfarbstoffe ihrer räumlichen Verteilung zuordnen können und nicht jedes Mal ein Spektrum vermessen.

Da die Bänder des Multibanddetektors mechanisch beliebig eingestellt werden können, lassen sich damit auch beliebige Spektren verarbeiten, lineare und nicht-lineare. Er ist demnach sowohl für Gitter, als auch für Prismenspektren geeignet. Die Spaltbewegung selbst wird dem Farbverlauf nach der Dispersion entsprechend angesteuert, und der Benutzer kann im linearen Raum der Farben arbeiten.

Die gemessenen Werte enthalten instantan Information über einzelne Emissionen. Für eine Anzahl k von verschiedenen Fluoreszenzen in der Probe reichen k Detektoren. Eine Berechnung aus einer Serie von Einzelwerten ist nicht nötig, da sich die Bänder auf die Emissionsspektren der Farbstoffe einstellen lassen. Auch die Trennschärfe kann mit den beweglichen Bandkanten nochmals optimiert werden, indem etwa Bereiche, wo sich die Farbstoffe überlappen, ausgespart bleiben (Abb. 8.4).

Natürlich ist es möglich, zum Schluss zusätzlich noch einen Entmischungsalgorithmus auf die Bilder anzuwenden. Dabei verwendet man dann gerade k Gleichungen mit k Unbekannten.

Die Bandkanten lassen sich während der Datenaufnahme verändern, und man kann das Ergebnis direkt auf dem Bildschirm betrachten und optimieren. Hat man so empirisch eine gute Einstellung gefunden, lassen sich heute alle Parameter digital abspeichern. Und wenn man das nächste Mal ein Präparat gleicher Färbung anschauen möchte, lässt sich auf Knopfdruck wieder der Zustand des Gerätes in den der früheren Messung zurückrufen.

Wir haben jetzt alle relevanten Bausteine des konfokalen Mikroskops mit stufenlos einstellbaren Elementen bestückt: Aus dem weißen Licht eines La-

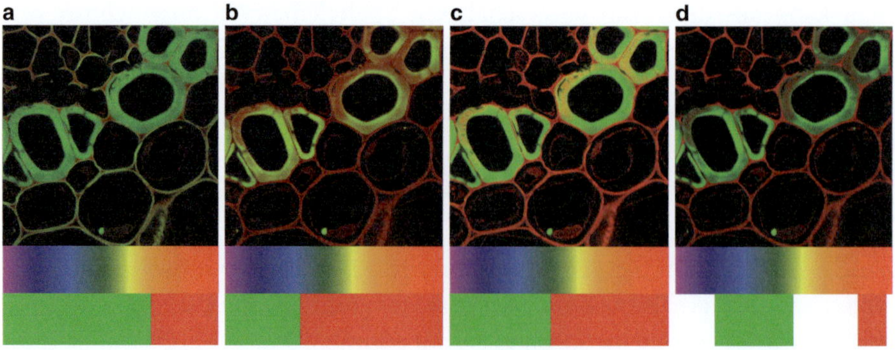

Abb. 8.4 Wirkung verschiedener Bandeinstellungen am Multibanddetektor, ein Beispiel mit zwei Farbstoffen. **a** Das *grüne Band* ist breit, das *rote* schmal. Übersprechen des roten Signals in den grünen Kanal. **b** Das *rote Band* ist breit, das *grüne* schmal. Übersprechen des grünen Signals in den roten Kanal. **c** Gute Trennung durch passend eingestellte Bänder. **d** Weitere Trennung bei Übersprechen der Emissionen durch schmälere Bänder (dies kann auch durch Entmischungsalgorithmen nach der Aufnahme erreicht oder zusätzlich angewendet werden)

ser werden mit dem akustooptischen Filter beliebige Farben ausgewählt, die mit dem akustooptischen Strahlteiler zur Beleuchtung verwendet werden. Die so angeregten Fluoreszenzmoleküle emittieren längerwelliges Licht, das den akustooptischen Strahlteiler mit maximaler Effizienz durchläuft. Die Emission wird an einem transparenten und wellenlängenunabhängigen Prisma dispergiert und kann in einer Serie von beliebig einstellbaren Farbspalten auf eine Serie von Sensoren gelenkt werden. Das ist das weiße Konfokalmikroskop.

Lässt sich da noch etwas verbessern? Wir haben die Sensoren selbst bislang ganz außer Acht gelassen. Dennoch bietet auch eine geeignete Sensortechnik nochmals einen Aspekt, der das weiße Konfokalmikroskop um eine farbunabhängige Komponente ergänzt. Davon soll im letzten Kapitel die Rede sein.

Literatur

1997 Engelhardt J: Device for the Selection and Detection of at least two spectral regions in a beam of light. United States Patent 910173. *(Patent zum Multibandfilter)*

2007 Schröder G, Treiber H: Technische Optik: Grundlagen und Anwendungen. Vogel Verlag, Würzburg. *(Technisches Lehrbuch zur Optik)*

2015 Hamamatsu: Linear Array Multianode PMT Assemblies and Modules http://www.hamamatsu.com/resources/pdf/etd/LINEAR_PMT_TPMH1325E.pdf (zugegriffen am 27.3.2015). *(Technische Information zu Multikathodenarrays)*

9 Trennung in der Zeitdimension

Bisher haben wir der Fluoreszenz-Lebensdauer wenig Beachtung geschenkt (Abschn. 2.1.3). Da sich die Lebensdauer des angeregten Zustandes im Bereich weniger Nanosekunden bewegt, ist sie nur mit schneller Elektronik zu fassen und war deshalb lange Zeit kein Standardparameter zur Messung von Phänomenen, die mit Fluoreszenz gekoppelt sind. In den letzten 20 Jahren hat sich dies geändert, und Messungen in Verbindung mit der Fluoreszenz-Lebenszeit sind immer häufiger in der Literatur anzutreffen. In diesem Kapitel wird über einfache Lebenszeitmessungen berichtet und darüber, wie man in der Fluoreszenzmikroskopie auch im Alltag aus diesen Zusammenhängen einen Nutzen ziehen kann.

9.1 Sensoren fühlen Photonen

Sensoren, die in der konfokalen Mikroskopie benutzt werden, sind – abgesehen von den Sensorstangen in manchen spektralen Geräten – einzelne (Punkt-)Sensoren. Der Lichtfleck wird ja Punkt für Punkt in der Zeit über das mikroskopische Feld geführt, und das gewonnene elektrische Signal wird synchron in einem elektronischen Speicher als zweidimensionales Bild abgelegt. Als Sensoren werden meist Photoelektronenvervielfacher-Röhren (PMT, *photomultiplier tubes*) verwendet (siehe auch Abschn. 3.3.1). Seltener – speziell für Einzelmolekülanwendungen – nutzt man Lawinen-Photodioden (APD, *avalanche photodiodes*). In neuerer Zeit findet man auch Hybriddetektoren (HPD, *hybrid photodetector*, bzw. HyD, *hybrid detector*). Die verschiedenen Sensortypen unterscheiden sich in der wellenlängenabhängigen Quantenausbeute, der verwertbaren Dynamik und in der Zeitauflösung. Letztere ist hier für uns von Interesse, und es sollen in dieser Hinsicht kurz die drei Konzepte vorgestellt werden.

9.1.1 Photoelektronenvervielfacher

Ein PMT nutzt den äußeren Photoeffekt. Dabei wirkt ein Photon von ausreichender Energie auf eine Metalloberfläche in der Art ein, dass aus dem

R. T. Borlinghaus, *Konfokale Mikroskopie in Weiß*, DOI 10.1007/978-3-662-49359-5_9

Metall ein Elektron herausgelöst wird. Liegt an dem Metall ein negatives Potenzial an, dann wird das Elektron im Vakuum von dieser „Photokathode" zur nächsten Elektrode beschleunigt. Diese positiv geladene Elektrode wird Dynode genannt. Beim Aufschlag des Elektrons auf die Dynode wird die aus der Beschleunigung geschöpfte kinetische Energie wieder frei und erzeugt eine Vielzahl von Sekundärelektronen ($n \sim 2$–5). Auch diese erfahren wieder in einem elektrischen Feld eine Beschleunigung und werden auf der nächsten Dynode nochmals vervielfacht. Dieses Spiel wird in üblichen PMTs mehrfach ($k = 8$–12) wiederholt, sodass am Ende eine beachtliche Elektronenwolke an der Anode eintrifft, die dort als messbares Signal abgegriffen und verstärkt werden kann (Abb. 9.1). Dabei kann ein Photon zu einem Ladungspuls von mehreren Millionen (nämlich n^k) Elektronen führen. Die Verstärkung des PMTs kann dabei über die Hochspannung geregelt werden, die die Zahl der Sekundärelektronen n an jeder Dynode erhöht. Daraus ist ersichtlich, dass hier nicht das Licht verstärkt wird, sondern nur der elektrische Puls, den ein Lichtquant erzeugt.

Einzelne Photonen führen also zu elektrischen Pulsen. Je nachdem, wie breit diese Pulse sind und wie dicht die Pulse hintereinander eintreffen, kann man unterschiedliche Methoden einsetzen, um das elektrische Signal in einen Grauwert für das Bild umzuwandeln.

Eine klassische Methode ist der sogenannte Ladungsverstärker. Dabei wird sinnbildlich ein Kondensator mit den Ladungen, die vom PMT kommen, so lange aufgeladen, bis eine gewisse Zeit verstrichen ist (Abb. 9.2). Diese Zeit ist natürlich genau die Zeit, die der Scanner für ein Bildelement braucht, und hängt demnach von der eingestellten Granulation („Format") des Bildes und von der Zeilenfrequenz des Scanners ab. Der Wert wird am Ende des

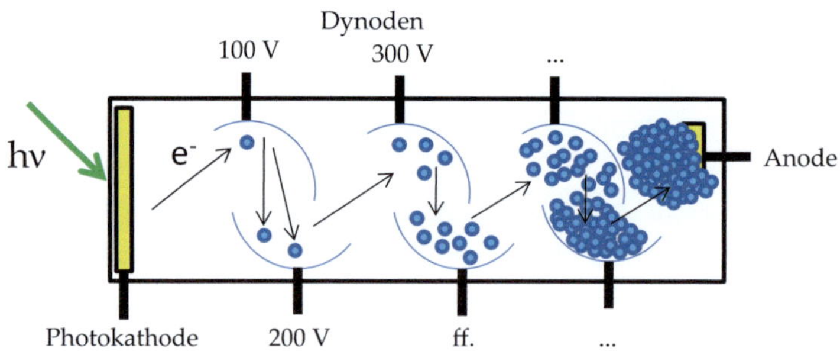

Abb. 9.1 Ein *photomultiplier* setzt bei Eintreffen eines Photons auf die Photokathode ein Photoelektron frei, das im Vakuum zur ersten Dynode beschleunigt wird. Dort wird eine von der Spannung abhängige Zahl von Sekundärelektronen freigesetzt, die an den folgenden Dynoden mit demselben Faktor verstärkt werden. Das Signal wird am Ende der Kette an der Anode abgegriffen

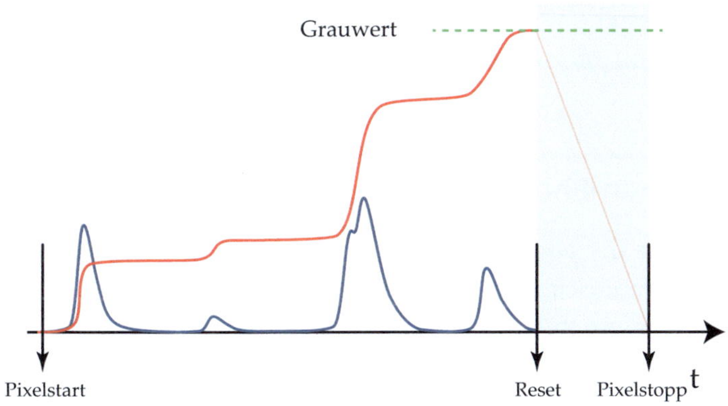

Abb. 9.2 Bei der Datenaufnahme mittels Ladungsverstärkung werden alle Pulse (*blaue Kurve*) innerhalb eines Bildelementes (von „Pixelstart" bis „Reset") aufsummiert (*rote Kurve*) und als Grauwert digitalisiert (*grüne Linie*). Bevor Daten für das nächste Bildelement registriert werden können, muss die Ladung der Kapazität wieder gelöscht werden (von „Reset" bis „Pixelstopp")

Bildelementes ausgelesen, und der Kondensator wird wieder entladen, um für das nächste Bildelement gerüstet zu sein.

Alternativ kann man heute auch direkt das PMT-Signal sehr schnell digitalisieren und die hochfrequent gemessenen Werte innerhalb eines Bildelementes mitteln (Abb. 9.3). Das hat den Vorteil, dass die Messung, und damit die Helligkeit des Bildes, nicht von der Pixeldauer abhängt. Man kann dann Format und Geschwindigkeit ändern, ohne dass Verstärkungsfaktoren über die Hochspannung nachgeregelt werden müssen.

In beiden Fällen wird also das Signal über ein ganzes Pixel „verteilt". Wenn in einer langen Zeit nur sehr wenige Photonen eintreffen, ist das Signal sehr

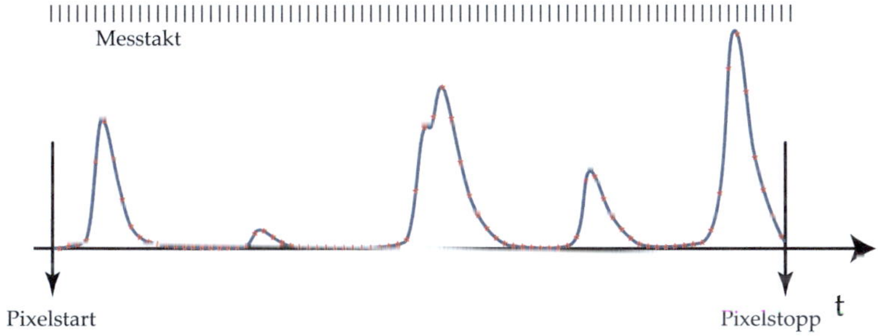

Abb. 9.3 Hochfrequente Analog-Digital-Wandler erlauben eine direkte Abtastung (*rote Sternchen*) des Signals am Ausgang des Sensors. Alle Messwerte innerhalb eines Bildelementes werden gemittelt und als Grauwert in das Bild eingetragen. So wird die Messung unabhängig von der Pixeldauer, und es wird keine Zeit für den Reset-Vorgang vergeudet. (Es sind dieselben Ereignisse wie in Abb. 9.2 angenommen)

klein. Und es besteht die Gefahr, dass es im Hintergrundrauschen verschwindet. Abhilfe kann hier die Zählung der einzelnen Photonen schaffen (Abschn. 9.1.3).

9.1.2 Lawinen-Photodiode

Die Technologie der *photomultiplier* auf der Basis einer Vakuumröhre ist vergleichsweise altmodisch, wenn auch immer noch für verschiedene Anwendungen unerlässlich. Auch die modernere Halbleitertechnologie kann mit Lösungen aufwarten. Für die konfokale Mikroskopie, insbesondere für Experimente in der Einzelmolekülfluoreszenz, haben sich Lawinen-Photodioden (APD, *avalanche photodiodes*) bewährt (Abb. 9.4). Sie sind sehr empfindlich und schnell, haben aber eine recht begrenzte Dynamik.

Der Wunsch wäre freilich, man könnte die hohe Dynamik eines PMTs mit der Empfindlichkeit und Schnelligkeit einer APD verbinden. Das ist mit den Hybriddetektoren gelungen, die tatsächlich physikalisch Hybride aus beiden Technologien sind.

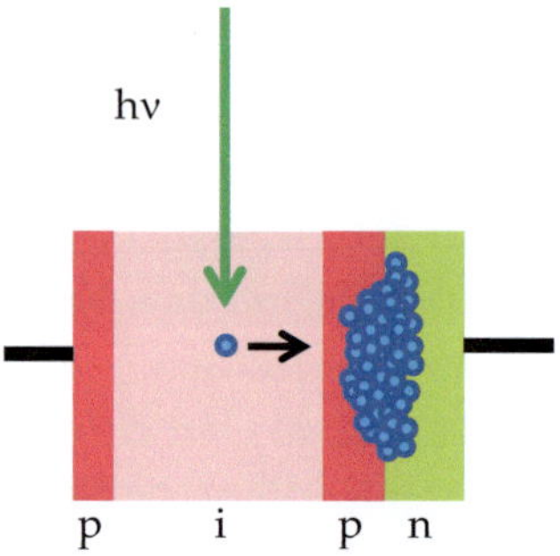

Abb. 9.4 In einer Lawinen-Photodiode erzeugt ein eintreffendes Photon ein Ladungspaar innerhalb der *i*-Schicht (*intrinsic*, eigenleitend), die zwischen den p- und n-dotierten Schichten einer gewöhnlichen pn-Diode eingeschoben ist. Zusätzlich ist nochmals eine stark p-dotierte Schicht vor der *n*-Schicht eingebracht, wodurch ein sehr hohes elektrisches Feld entsteht. Eine Ladung wird auf diese sogenannte Multiplikationsschicht hin beschleunigt und erzeugt dort sehr viele sekundäre Ladungen

9.1.3 Hybriddetektor

Ein Hybriddetektor ist, wie der Name schon vermuten lässt, so etwas wie ein Halbleiter in einer Vakuumröhre. An einer Photokathode lösen eintreffende Photonen Elektronen aus der Oberfläche, die anschließend im Vakuum beschleunigt werden (Abb. 9.5).

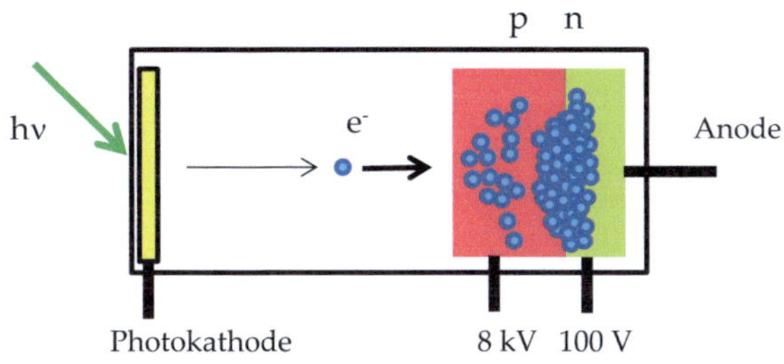

Abb. 9.5 Ein Photon löst in einem Hybriddetektor ein Photoelektron aus der Photokathode. Dieses wird sehr hoch beschleunigt. Die kinetische Energie wird anschließend in einem Halbleiter in neue Ladungen umgesetzt, und die so erhaltenen vielen Ladungen werden nochmals an einer Multiplikationsschicht vervielfacht. Das Signal wird an der Anode abgegriffen

Ebenso wie bei einem PMT wird an einer Photokathode durch Absorption eines hinreichend energetischen Photons ein freies Elektron erzeugt, das anschließend im Vakuum in einem elektrischen Feld beschleunigt wird. Die Kathodenmaterialien sind für beide Sensoren dieselben, damit ist auch die primäre Quantenausbeute identisch. Im Gegensatz zum PMT beträgt die Potenzialdifferenz hier aber etwa 8000 Volt, während sie im PMT zwischen den einzelnen Dynoden nur etwa 100 Volt beträgt. Dadurch wird die Höhe der Pulse wesentlich gleichmäßiger, und es gibt auch keine Verluste zwischen den einzelnen Dynoden durch vagabundierende Elektronen. In Photoelektronenvervielfachern kann man die Spannung zwischen den Dynoden nicht weiter erhöhen, da das Material nicht dafür geeignet ist. Das im Hybriddetektor so hoch beschleunigte Photoelektron gibt nun seine gesamte kinetische Energie in einem Halbleitermaterial ab, in dem dadurch sehr viele Ladungen erzeugt werden (etwa 1500). Das reicht noch nicht, um es mit gängigen Mitteln nachweisen zu können. Deshalb wird der Halbleiter integral in einer Multiplikationsschicht fortgesetzt, wie sie schon bei den APDs angedeutet wurde. Die Verstärkung durch den Lawineneffekt wird auf die zuvor erzeugte Ladungswolke angewendet. In diesem zweiten Schritt ist die Verstärkung etwa 100-fach. Der so entstandene Puls kann dann abgegriffen und elektronisch weiterverarbeitet werden.

Der Hybriddetektor hat gegenüber dem PMT drei signifikante Vorteile: Einerseits sind die Pulse alle etwa gleich hoch, da die statistische Streuung durch die große Zahl der in der ersten Stufe freigesetzten Ladungen sehr klein ist. Es ist also sehr unwahrscheinlich, dass ein zufällig kleiner Puls übersehen wird, oder – bei der Integration – sehr viel Rauschen hinzukommt. Ähnlich wirkt sich auch aus, dass keine Sekundärelektronen verloren gehen. Die Nachweiseffizienz ist deshalb höher. Zweitens hat ein Hybriddetektor ein wesentlich

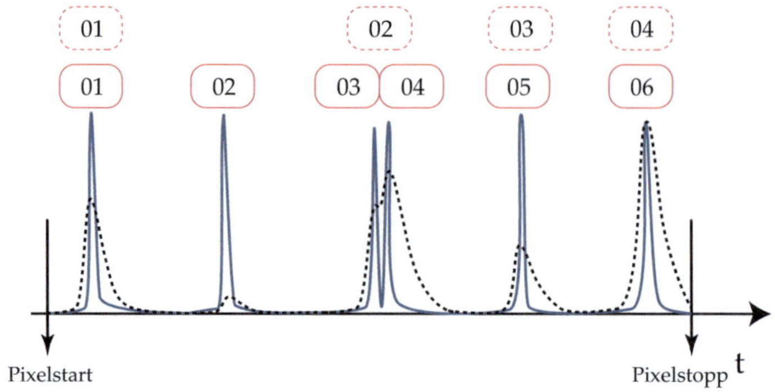

Abb. 9.6 Das Ausgangssignal eines Hybriddetektors (*durchgezogene Linie*) im Vergleich zu einem PMT (*gestrichelte Linie*). Der Hybriddetektor erzeugt sehr gleichmäßige Pulse, die nicht übersehen werden (02). Die Pulse sind außerdem hinreichend schmal, um auch bei höheren Intensitäten (d. h. kleineren Pulsabständen) noch getrennt werden zu können (03, 04). Deshalb kann ein Hybriddetektor auch bei typischen Intensitäten noch zum Photonenzählen verwendet werden

geringeres Dunkelrauschen als ein PMT. Zum einen durch eine kleinere Fläche der Photokathode, zum anderen durch die Abwesenheit der Dynoden, an denen auch spontan Elektronen freigesetzt werden können. Schließlich ist die Pulsbreite bei einem Hybriddetektor im Vergleich zu einem üblicherweise verwendeten PMT viel schmäler, es gehen also keine Pulse durch Überlagerung „unter“.

Ein solches Signal kann sehr gut zum Zählen der Photonen verwendet werden. Dabei wird mittels einer geeigneten Elektronik erkannt, ob das elektrische Signal vom Detektor einen Puls liefert oder nicht. Das geschieht über Amplitudenkomparatoren, die bei vorgegebenem Schwellenwert den Zähler um eins erhöhen, oder durch Erkennung der Flanken, wie das bei Triggerelektroniken üblich ist.

Das Zählen von Photonen hat den großen Vorteil, dass es kein elektronisches Rauschsignal erzeugt, wenn kein Puls erkannt wird. Ein Ladungsverstärker etwa produziert ständig ein Rauschsignal, das im Bildhintergrund von null verschiedene Grauwerte erzeugt (oder das Signal verändert). Werden die Photonen gezählt, gibt es zunächst keine Grauwerte im klassischen Sinne: Es ist die Zahl der Photonen, die während der Dauer eines Pixels erkannt werden, die das Bild erzeugen. Für die üblichen Intensitäten der Fluoreszenzen in biologischen Präparaten muss der Detektor aber eine hinreichend hohe Zeitauflösung haben, damit die Photonenpulse nicht überlagern und dann nicht mehr gezählt werden können. PMTs haben nicht diese hohe Zeitauflösung und werden deshalb auch nicht zur Zählung von Photonen eingesetzt.

9.2 Weiße Fluoreszenzmessung: FLIM

Mit dem Rüstzeug der Photonenzählung können wir auch weitere Experimente machen. Beispielsweise lässt sich die Zeit messen, die zwischen dem Eintreffen zweier Photonen vergangen ist. Oder man benutzt einen Laser, der kurze Pulse zur Beleuchtung verwendet, und misst, wie lange es dauert, bis das erste Photon nachgewiesen werden kann. Wozu könnte das nützlich sein?

Wir erinnern uns, dass der angeregte Zustand eine kurze Zeit erhalten bleibt, bevor es zur spontanen Emission bei der Fluoreszenz kommt (Abschn. 2.1.3). Fluoreszenzmoleküle zeigen eine spezifische mittlere Verweildauer, die „Fluoreszenz-Lebenszeit". Sie ist für eine Molekülspezies charakteristisch, aber nicht unabhängig von den molekularen Umgebungsparametern. Wenn man diese charakteristische Zeit messen könnte, wäre es möglich, Aussagen darüber zu treffen, welche Spezies man im Präparat hat und/oder wie die molekulare Umgebung gestaltet ist oder sich verändert.

Genau dies kann man durch die oben angedeutete Messung erreichen. Nehmen wir zur Vereinfachung an, wir würden gar nicht ein Bild aufzeichnen, sondern nur einen einzigen Punkt beleuchten. Der Gedanke kann mühelos auf ein Bild mit vielen Punkten übertragen werden. Nun beleuchten wir diesen Punkt mit einem Laser, der nur kurze Lichtpulse aussendet. Nach jedem Lichtpuls meldet der Detektor, wie lange es gedauert hat, bis das erste Photon registriert wurde. Das wird nun sehr oft wiederholt. Es dauert zwar länger, als ein gewöhnliches Bild aufzuzeichnen, aber diese Laser liefern üblicherweise Pulse mit einer Frequenz von 80 MHz. Man kann also in jeder Sekunde 80 Millionen solcher Messungen machen. Ein typischer Wert für eine Aufnahme eines solchen Bildes liegt bei 10 Sekunden bis zu einer Minute. Daneben gibt es auch noch andere Verfahren, die die Lebenszeit nicht so genau bestimmen, dafür aber eine schnellere Bildaufnahme ermöglichen.

Nun kann man die Zeit zwischen zwei Laserpulsen in viele gleich lange Zeitabschnitte unterteilen und zählen, wie viele Messungen in jedem Zeitabschnitt vorgekommen sind. Diese Häufigkeiten der Ereignisse im Abstand vom Laserpuls verhalten sich tatsächlich wie der Zerfall selbst, und man erhält nach hinreichend vielen Messungen daraus eine graphische Darstellung der Zerfallskurve (Abb. 2.5). Der Computer prüft („fittet"), welche Zerfallskurve am besten mit den gemessenen Daten übereinstimmt, und berichtet dem Wissenschaftler, welche Fluoreszenz-Lebenszeit dazu passt.

Es ist einsichtig, dass – ist die Fluoreszenz-Lebensdauer kurz – die Zeiten zwischen Puls und Photonennachweis auch im Mittel kurz sind. Bei langen Lebenszeiten wird man auch öfter länger warten müssen. So lassen sich unterschiedliche Fluoreszenzfarbstoffe über den erwähnten Fit in jedem Pixel nachweisen (der Computer findet auch heraus, ob in einem Pixel nur eine Lebenszeit oder ob zwei zur Emission beitragen).

Am Ende erhält man auf diese Weise ein Bild, das keine Grauwerte enthält, sondern Lebenszeiten (τ), die die Verteilung der unterschiedlichen Fluoreszenzfarbstoffe widerspiegeln (Abb. 9.7). Im Prinzip geht das ohne eine farbliche Aufspaltung – eine weiße Technik im vorgestellten Sinne. Dieses Verfahren ist unter dem Akronym FLIM bekannt (*fluorescence lifetime imaging*).

Selbstverständlich kann man beide Trennverfahren miteinander kombinieren: In jedem Fluoreszenzfarbkanal lassen sich solche Lebenszeitmessungen durchführen. So kann man Fluorochrome unterscheiden, die kaum unterscheidbare Emissionsspektren haben, aber dabei verschiedene mittlere Lebenszeiten. Neben den drei Dimensionen des Raumes und den zwei Dimensionen der An- und Abregung kommt so noch die Dimension der Lebenszeit hinzu. In einem Experiment, das Änderungen über die Dimension der Zeit verfolgen will, macht man folglich Experimente im siebendimensionalen Raum. Und es gibt noch mehr Abhängigkeiten, die man hinzunehmen könnte ...

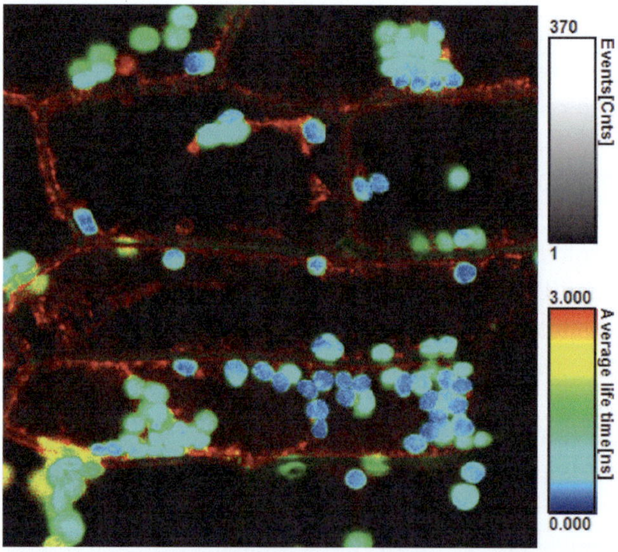

Abb. 9.7 Fluoreszenz-Lebenszeit-Aufnahme einer Wasserpflanze (*Elodea*). Die Farben kodieren hier nicht, wie in üblichen Bildern, die Farbe des Objektes, sondern die Lebensdauer der angeregten Zustände an jedem Bildpunkt. Man kann deutlich erkennen, dass die runden Gebilde (das sind die Chloroplasten) eine sehr kurze Lebenszeit von etwa 0,2–0,3 ns haben. Die Zellwände haben sehr lange Lebenszeiten, bis zu 3 ns. Die Farbkodierung ist aus der Skala *rechts unten* abzuleiten. In diesem Bild wurden die Lebenszeitmessungen mit der Helligkeit überlagert, deshalb ist auch hier der Hintergrund schwarz. (Aufnahme mit einem Wasserimmersionsobjektiv 25×/0,95)

9.3 Ein weißes Filter mit hoher Trennschärfe

Ganz zum Schluss soll hier noch eine Anwendung erwähnt werden, die das Verfahren der Photonenzählung sozusagen frei Haus mitliefert. Ein Problem bei der Fluoreszenzmikroskopie ist ja, wie schon im Kap. 2 berichtet, die Trennung von Anregungslicht und Fluoreszenzemission. In der klassischen Praxis wird versucht, diese Aufgabe mit Farbglasfiltern mit und ohne Interferenzbeschichtung zu lösen. In der Zeitdomäne gibt es hier aber noch eine interessante Alternative. Da wir immer davon ausgehen, dass wir Fluoreszenz im Auflichtmodus betreiben, kann verbliebenes Anregungslicht aus der Probe reflektiert werden. Diese Reflexion ist gelegentlich doch recht störend.

Aus den Betrachtungen zur Fluoreszenz-Lebenszeit wissen wir, dass typische Fluoreszenz-Lebenszeiten ganz grob zwischen 0,5 und 10 Nanosekunden liegen. Reflektiertes Licht hat aber keine Lebenszeit, es wird sofort aus der Probe

a Lichtpforte aus **b** Lichtpforte an

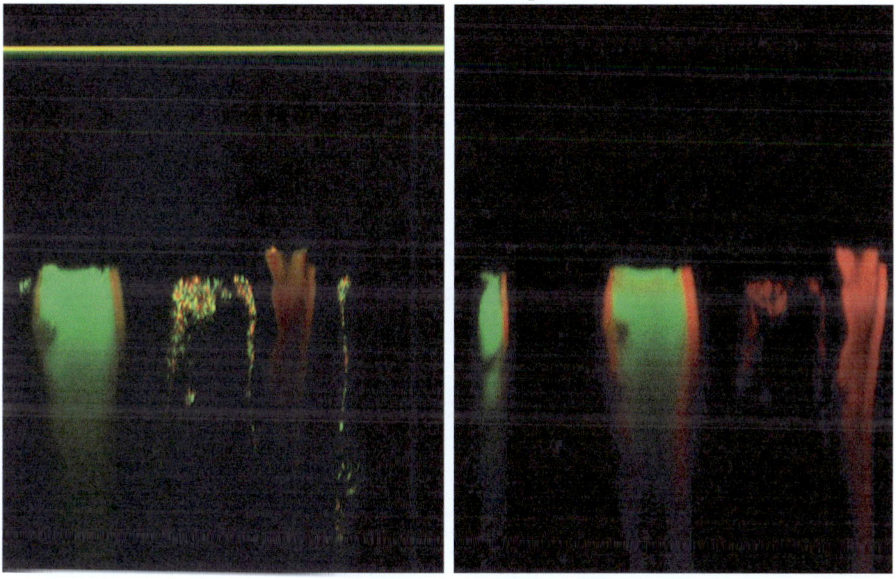

Abb. 9.8 Profilbild von zwei Fluoreszenzen in einem pflanzlichen Rhizompräparat. Die Emissionsbänder wurden so ausgewählt, dass die beiden benutzten Laserlinien innerhalb des Bandes liegen. Es tritt daher ein sehr starkes Reflexionsartefakt auf (**a**). Insbesondere kann man dies an der *gelben Linie* im *oberen Bereich* erkennen: Das ist die Reflexion des Deckglases in beiden Farbkanälen. In der Praxis würde man freilich vermeiden, zu viel Reflexion im Bild zu sehen, hier ist dies absichtlich gewählt, um den frappanten Effekt der Gating-Funktion sichtbar zu machen. **b** die Lichtpforte ist aktiv. Die Reflexionen verschwinden, sichtbar an der fehlenden gelben Linie der Deckglasreflexion und den nicht mehr vorhandenen punktartigen Reflexionsartefakten im Präparat selbst

zurückgeworfen, die Zeit zwischen einem Lichtpuls im Präparat und der Ankunft des reflektierten Lichtes am Sensor ist nur von der Laufzeit des Lichtes im Mikroskop abhängig.

Wir können also beschließen, dass wir alle Photonen, die innerhalb einer sehr kurzen Zeitspanne nach dem Puls eintreffen, etwa 0,1 Nanosekunden, einfach verwerfen. Wir beginnen mit dem Zählen erst nach dieser kurzen Zeit. Damit werden alle Photonen, die durch Reflexion des Anregungslichtes noch den Sensor erreichen, weggeschnitten. Man nennt so ein Verfahren „Gating", weil man die Pforte (*gate*) zur Messung nur für eine vorwählbare Zeit offen hält. Unerwünschte Photonen bleiben draußen. Dabei spielen die Wellenlängen, mit der wir anregen, gar keine Rolle. Blaue Photonen sind ungefähr genauso schnell wie rote Photonen oder grüne. Dieses Verfahren erlaubt also, Photonen aller Farben, die aus dem Präparat reflektiert werden, wegzufiltern. Ein weißes Filter – aber mit enormer Wirkung (Abb. 9.8).

Literatur

1839 Becquerel AE: Mémoire sur les effets électriques produits sous l'influence des rayons solaires. Comptes Rendus 9:561–567. *(Originalarbeit zur Einwirkung von Licht auf Elektroden)*

1887 Hertz HR: Ueber den Einfluss des ultravioletten Lichtes auf die electrische Entladung. Annalen der Physik 267(8):983–1000. *(Originalarbeit über die Beobachtung des äußeren Photoeffektes)*

1888 Hallwachs WLF: Ueber die Electrisierung von Metallplatten durch Bestrahlung mit electrischem Licht. Annalen der Physik 34:731–734. *(Originalarbeit zum Hallwachs-Effekt)*

1900 Planck M: Ueber irreversible Strahlungsvorgänge. Annalen der Physik 1:69–122. *(Originalarbeit zur Energieverteilung in Spektren)*

1905 Einstein A: Über einen die Erzeugung und Verwandlung des Lichtes betreffenden heuristischen Gesichtspunkt. Annalen der Physik 322(6):132–148. *(Originalarbeit zum äußeren Photoeffekt)*

2007 Borlinghaus RT, Young S: Efficiency and Speed – New Paradigms in Confocal Data Acquisition. Imaging & Microscopy 8(4):58–59. *(Direkte Digitalisierung ersetzt Ladungsverstärker in konfokalen Mikroskopen)*

2007 Hamamatsu Photonics KK: Photomultiplier Tubes – Basics and Applications. Edition 3a, 310 S. *(Ausführliche technische und prinzipielle Erläuterungen zu Photoelektronenvervielfacher-Röhren)*

Sachverzeichnis

R. T. Borlinghaus, *Konfokale Mikroskopie in Weiß*, DOI 10.1007/978-3-662-49359-5

Springer springer.com

Willkommen zu den Springer Alerts

Jetzt anmelden!

- Unser Neuerscheinungs-Service für Sie:
  aktuell *** kostenlos *** passgenau *** flexibel

Springer veröffentlicht mehr als 5.500 wissenschaftliche Bücher jährlich in gedruckter Form. Mehr als 2.200 englischsprachige Zeitschriften und mehr als 120.000 eBooks und Referenzwerke sind auf unserer Online Plattform SpringerLink verfügbar. Seit seiner Gründung 1842 arbeitet Springer weltweit mit den hervorragendsten und anerkanntesten Wissenschaftlern zusammen, eine Partnerschaft, die auf Offenheit und gegenseitigem Vertrauen beruht.

Die SpringerAlerts sind der beste Weg, um über Neuentwicklungen im eigenen Fachgebiet auf dem Laufenden zu sein. Sie sind der/die Erste, der/die über neu erschienene Bücher informiert ist oder das Inhaltsverzeichnis des neuesten Zeitschriftenheftes erhält. Unser Service ist kostenlos, schnell und vor allem flexibel. Passen Sie die SpringerAlerts genau an Ihre Interessen und Ihren Bedarf an, um nur diejenigen Information zu erhalten, die Sie wirklich benötigen.

Mehr Infos unter: springer.com/alert

MIX
Papier aus verantwortungsvollen Quellen
Paper from responsible sources
FSC® C105338

If you have any concerns about our products,
you can contact us on
ProductSafety@springernature.com

In case Publisher is established outside the EU,
the EU authorized representative is:
Springer Nature Customer Service Center GmbH
Europaplatz 3, 69115 Heidelberg, Germany

Printed by Libri Plureos GmbH
in Hamburg, Germany